数据工程师系列精品教材

总主编 肖红叶

U0158491

数据可视化原理与应用

尚 翔 杨尊琦 编著

科学出版社

北 京

内 容 简 介

数据分析中数据可视化已成为大数据研究的一门科学。本书的目的是为数据工程专业的课程学习提供基础原理与操作实验，不仅综合了国内外书籍、网站的相关内容，也结合了具体的课程实践和人才培养要求。全书共 11 章，内容包括数据及可视化基础，数据可视化的发展及分类，数据处理，视觉通道，数据可视化流程，数据可视化工具，时空、地理可视化，层次网络数据可视化，文本及多媒体可视化，社会网络分析可视化以及可视化评估等，既包括数据可视化的基本知识，也涵盖数据可视化的工具方法。通过学习本书，读者能更深入地认识和掌握数据可视化的应用价值。书中每章都设有习题与实践，教辅资料提供实验范例，便于读者加强巩固所学内容。

本书可作为高等院校与数据可视化相关专业课程的教科书，特别是能满足数据工程专业需求，同时也可以为其他专业所用，各行各业的在职人士也可以将其作为参考书目。

图书在版编目（CIP）数据

数据可视化原理与应用/尚翔，杨尊琦编著. —北京：科学出版社，2021.6

数据工程师系列精品教材/肖红叶总主编

ISBN 978-7-03-068829-3

Ⅰ. ①数… Ⅱ. ①尚… ②杨… Ⅲ. ①可视化软件-数据处理-教材 Ⅳ. ①TP31

中国版本图书馆 CIP 数据核字（2021）第 097259 号

责任编辑：方小丽 赵 颖 / 责任校对：贾娜娜
责任印制：赵 博 / 封面设计：蓝正设计

斜 学 虫 版 社 出版

北京东黄城根北街 16 号
邮政编码：100717
http://www.sciencep.com

涿州市般润文化传播有限公司印刷

科学出版社发行 各地新华书店经销

*

2021 年 6 月第 一 版 开本：787×1092 1/16
2024 年 7 月第四次印刷 印张：15 1/2
字数：367 000

定价：68.00 元

"数据工程师系列精品教材"
编审委员会

李　勇　教育部统计学类专业教学指导委员会委员　重庆工商大学

李金昌　教育部经济学类专业教学指导委员会副主任委员
　　　　浙江财经大学

李朝鲜　教育部经济学类专业教学指导委员会原委员　北京工商大学

杨仲山　教育部统计学类专业教学指导委员会委员　东北财经大学

杨贵军　天津财经大学

余华银　教育部统计学类专业教学指导委员会原委员　安徽财经大学

宋丙涛　河南大学

张维群　西安财经大学

陈尊厚　教育部金融学类专业教学指导委员会原委员　河北金融学院

林　洪　广东财经大学

林金官　教育部统计学类专业教学指导委员会委员　南京审计大学

尚　翔　天津财经大学

罗良清　教育部经济学类专业教学指导委员会委员　江西财经大学

顾六宝　河北大学

徐国祥　教育部统计学类专业教学指导委员会副主任委员
　　　　上海财经大学

彭国富　河北经贸大学

葛建军　教育部统计学类专业教学指导委员会委员　贵州财经大学

傅德印　教育部统计学类专业教学指导委员会委员
　　　　中国劳动关系学院

雷钦礼　暨南大学

总　序

经过近 6 年的工作，这套以"数据工程师"命名的系列教材付印出版了。教材是以经济领域大数据应用本科专业教学为目标的。但因该系列教材集中在相关技术主题，也应该适用于其他领域大数据应用的学习参考。当然这取决于教材内容能否满足其他领域大数据应用的要求。经受住教学及其学生就业适应性的检验，一直是教材编写的重压。核心在于对大数据应用的认知，总是滞后大数据技术的进步及其应用场景的多样化扩张。教材只能以一定的基础性和通用性应对，并及时迭代。即使如此，相关编写内容的选择，也考察编写者对大数据应用目标与发展趋势大背景及人才培养创新探索的理解与把握。

一、时代背景

2010 年前后，计算机网络数据技术及其应用大爆发，大数据概念问世。涌现出在"大数据"认知中造梦追梦的激情潮流。相应搜集、处理和深度分析大数据的专业技术人才受到热捧追逐。一晃十年。虽然目前该技术驱动出现网购、社交、金融、教育医疗、智慧城市等一系列新商业模式和新兴产业，引发传统生产、生活方式发生深刻变革，但其仍然没有破除生产率悖论[1][2]，成长为推动实体经济整体发展的通用技术[3]。原因在于，不同于以物质和能量转换为特征的历次技术产业革命，信息技术是以智能化方式释放出历次产业革命所积蓄的巨大能量的。但其能量释放机制高度复杂，远非传统生成要素重新组合就能解决问题。信息技术与传统领域融合，需要基于以新技术、新基础设施和新要素组织机制构成的新技术经济范式的创建[4]。新范式应该包括相关人才支撑及其培养机制。

2015 年，我国提出实施大数据战略。国务院在 2015 年 8 月 31 日印发《促进大数据发展行动纲要》[5]，专门提出创新人才培养模式，建立健全多层次、多类型的大数据人才培养体系，鼓励高校设立数据科学和数据工程相关专业，重点培养专业化数据工程师等大数据专业人才的规划要求。2017 年，习近平总书记就实施国家大数据战略主持中共中央政治局第二次集体学习时就指出，要构建以数据为关键要素的数字经济，推动互联网、

① John L. Solow. 1987. The capital-energy complementarity debate revisited. The American Economic Review, 77(4): 605-614.

② Tyler Cowen. 2011. The Great Stagnation: How America Ate All the Low-Hanging Fruit of Modern History, Got Sick, and Will Feel Better. Dutton.

③ Andrew G. Haldane. 2015. How low can you go?. https://www.bankofengland.co.uk/-/media/boe/files/speech/2015/how-low-can-you-can-go.pdf.

④ Carlota Perez. 2008. The Big Picture: More Than 200 Years of Financial Bubbles, Where Are We Now and Where Will We End Up? Harvard Business School's 100th Anniversary, Oslo Conference, September[EB/OL]. http://www.konverentsid.ee/ files/ doc/ Carlota Perez. pdf.

⑤ 国务院关于印发促进大数据发展行动纲要的通知. http://www.gov.cn/zhengce/content/2015-09/05/content_10137. htm.

大数据、人工智能同实体经济深度融合，并要求培育造就一批大数据领军企业，打造多层次、多类型的大数据人才队伍。

二、教学创新探索

2013 年 10 月，中国统计学会在杭州以"大数据背景下的统计"为主题召开第十七次全国统计科学讨论会。众多著名专家学者深入讨论了大数据背景下政府统计变革等问题，发出经济统计应对大数据的呼吁。天津财经大学迅速响应，在时任副校长兼任珠江学院院长高正平教授支持下，经过大量调查研究，以经济管理领域大数据应用技术专业人才培养为目标，开始经济统计学专业对接大数据的改革探索，形成"数据工程"专业方向培养方案。2015 年，天津财经大学珠江学院和统计学院启动改革实践，引发国内同行热切反响。2016 年 1 月，天津财经大学在珠江学院召开教学会议，联合江西财经大学、浙江工商大学、浙江财经大学、河南财经政法大学、内蒙古财经大学、河南大学以及国家统计局统计教育培训中心、科学出版社等 26 所高校和机构，共同发起成立"全国统计学专业数据工程方向教学联盟"，通过了联合推进教学改革的计划。2016 年 7 月，在浙江工商大学召开教学联盟第二次会议，47 所高校参会，讨论了课程体系及其主要课程教材大纲，成立教材编写委员会，建议进一步推进高校经济管理各专业学生数据素质培养教学活动。天津财经大学数据工程教学改革取得较好实践效果，2018 年获第八届高等教育天津市级教学成果一等奖。其中数据工程人才培养定位、主要技术课程及教学内容是改革探索的核心，也是这套系列教材形成的具体背景.

三、"数据工程"定位

"数据工程"定位基于两方面考虑。

其一，"工程"概念是以科学理论应用到具体产品生产过程界定的。"数据工程"定位在大数据的应用，就是通过开发从数据中获取解决问题所需信息的技术，为用户提供信息与服务产品。其直接产生数据的信息价值，具体体现数据要素的生产力。另外，鉴于数据存在非竞争和非排他性，规模报酬递增性，多主体交互生成与共享的权属难以界定性，以及可无限复制性等基本特征，一般性掌握原生数据并没有现实意义，数据价值来自从中获取的能够驱动行为的信息。数据配置交易一般通过提供数据的信息服务产品，特别是以长期服务方式完成。数据工程开发产品为数据要素实现市场配置提供了基础支撑.

其二，标示与"数据科学"区分。早年分别基于计算机科学与数理统计学体系的理解，由图灵奖获得者诺尔[1]和著名统计学家吴建福[2]提出的"数据科学"概念，历经多年沉寂，在大数据背景下爆发[3][4][5]。统计学在数据科学概念上与计算机科学产生交集。但两

---

[1] Peter Naur. 1974. Concise survey of computer methods Hardcover. Studentlitteratur, Lund, Sweden, ISBN 91-44-07881-1.

[2] 吴建福. 从历史发展看中国统计发展方向[J]. 数理统计与管理, 1986, (1): 1-7.

[3] Thomas H. Davenport and D. J. Patil. 2012. Data scientist: the sexiest job of the 21st century. Harvard Business Review, 90(10): 70-76, 128.

[4] Chris A. Mattmann. 2013. A vision for data science. Nature, 493: 473-475.

[5] Vasant Dhar. 2013. Data Science and Prediction, Communications of the ACM. https://doi.org/10.1145/2500499.

个学科的数据科学概念解读并不一致。其中，计算机科学偏向为将数据问题纳入系统处理架构研究提供一个概念框架。统计学偏向开展促进大数据技术发展的方法论理论研究。计算机的系统架构研究和统计的基础理论研究非常重要。数据科学家是国家实施大数据战略需要的高端人才。当前大数据底层系统技术进展迅速，通用化瓶颈在于其与实体领域的融合应用。我国经济与产业体系规模决定了大数据领域应用对应的各类型、各层次专业人才需求场景扩展迅速，相应人才需求空间足够大并存在长期短缺趋势。培养大批掌握成熟数据技术，并能够在领域中发挥应用创新作用的"数据工程师"，是我国较长时期就业市场的选择。

四、主要课程

主要课程解决三方面问题。

其一，总体要求课程设置涵盖大数据应用三阶段全流程。第一阶段是领域主题数据生成。支撑领域用户信息需求主题的形成，及其对应原生数据的采集与搜集。第二阶段是数据组织与管理。保障大数据应用资源合理配置，方便使用。第三阶段是数据信息获取。产生信息产品与服务，实现数据要素价值。

其二，课程结构及内容调整重组。这是基于大数据应用流程，将应用领域、计算机和统计学三个专业课程汇集到数据工程专业后，教学课时总量约束要求的。重组原则为在适用性基础上，兼顾知识体系的基础性和系统性。

(1) 领域课程。以经济学等基础课为主体，精炼相关专业课程。

(2) 计算机课程。其覆盖大数据应用全流程，且工程技术专业定位决定其专业基础仍然紧密联系应用。相关课程包括计算机基础、Python 程序设计和计算机网络等基础课程，数据库原理与应用以及信息系统安全等数据组织管理课程，数据挖掘技术和深度学习、文本数据挖掘和图像数据挖掘以及数据可视化技术等数据信息获取技术课程。

(3) 统计课程分为基础与应用两组。基础包括应用概率基础和应用数理统计。前者以概率论为主体加入随机过程基本概念。后者综合数理统计、贝叶斯统计和统计计算三部分内容。应用包括三门统一命名的统计建模技术(Ⅰ Ⅱ Ⅲ)。其中Ⅰ为多元统计建模与时间序列建模，Ⅱ为离散型数据建模与非参数建模，Ⅲ为抽样技术与试验设计。另外还有统计软件应用课程。

其三，注重实践操作。这是应用人才的规定。除课程中包含实践教学环节之外，独立开设程序设计实践、数据库应用实践、数据分析实践等课程。引入真实数据，提高学生实际数据感知能力。

五、系列教材

有关系列教材，做如下两点说明。

其一，关于系列教材组成及特点。课程结构及其内容调整重组后，教学面临对应的教材问题。基于统计学专业改革背景，以能够较好把握为出发点，从统计课程和关联性较强的部分计算机数据处理技术切入教材编写。该系列教材第一批由《应用数据工程技术导论》《数据挖掘技术》《深度学习基础》《图像数据挖掘技术》《数据可视化原理与应用》《应用概率基础》《应用数理统计》《统计建模技术Ⅰ——多元统计建模与时间序列建模》《统计建模技术Ⅱ——离散型数据建模与非参数建模》《统计建模技术Ⅲ——抽样技术与试验设计》《数据分析软件应用》11本组成。其特点总体表现在，基于实际应用需要安排教材框架，精炼相关内容。

其二，编写组织过程。2016年1月，教学联盟第一次会议提出教材建设目标。2016年7月，教学联盟召开第二次会议，基于天津财经大学相应课程体系的11门课程大纲和讲义，就教材编写内容和分工进行深入讨论。成立了教材编写委员会。委托肖红叶教授担任系列教材总主编，提出编写总体思路。诚邀著名统计学家邱东、曾五一和房祥忠教授顾问指导。杨贵军和尚翔教授分别负责统计和计算机相关教材编写的组织。天津财经大学、江西财经大学、浙江财经大学、浙江工商大学、河南财经政法大学、内蒙古财经大学等高校共同承担编写任务。杨贵军和尚翔教授具体组织推动编写工作，其于2018年10月20日、2019年9月19日、2020年11月29日三次主持召开教材编写研讨会。

系列教材采用主编负责制。各个教材主编都是由国内著名教授担当。他们具有丰富的教学经验，曾主编在国内产生很大影响的诸多相关教材，对统计学与大数据对接有着独到深刻的理解。他们的加盟是系列教材质量的有力保证。

这套系列教材是落实国家大数据战略，经济统计学专业对接大数据教学改革，培养大数据应用层次人才的探索。其编写于"十三五"时期，恰逢"十四五"开局之时出版。呈现出跨入发展新征程的时代象征。这预示本系列教材培养出的优秀数据工程师，一定能够在大数据应用中发挥一点实际作用，为国家现代化贡献一点力量。既然是探索，教材可能存在许多缺陷和不足。恳请读者朋友批评指正，以利于试错迭代，完善进步。

教材编写有幸得到方方面面的关注、鼓励、参与和支持。教材编写委员会及我本人，对经济统计学界的同仁朋友鼎力支持教学联盟，对天津财经大学珠江学院高正平教授、刘秀芳教授及天津财经大学领导和同事对数据工程专业教学探索提供的强力支撑，对科学出版社领导的大力支持和方小丽编辑的热心指导，表示衷心的感谢！

肖红叶
2021年3月

前　言

现今，在智能移动设备、云计算、物联网、社交网络、各种各样的"共享"等基础设施及平台上产生了大量数据，这些数据已经成为人类认识世界和改造世界的资源。由于数据呈爆发式增长，利用并分析这些数据成为当务之急。数据挖掘和呈现图形成为数据分析的最后一个环节。数据可视化中的图形可以帮助普通人快速领悟数据的态势，同时可视化的不同工具方法又能帮助人们透视和提炼出数据的内在规律，辅助管理者洞见事物的内涵进而迅速决策。数据可视化的价值因其"形状"和"讲故事"受到前所未有的重视。如果说过去人类社会的发展是通过数字报表驱动管理业务，那么现在和未来就是数据可视化来辅助企业的运营和竞争。数据可视化的商业和社会价值已被人们认可，同时数据可视化的工具和软件又给业界提供了新的研究课题。

数据可视化之"简"：简指简单和效率。可视化处理结果的解读对用户知识水平的要求不高。从孩童时代的看图说话到后来观看电影、电视，通过运用眼睛这一视觉器官，人类接收了丰富多彩的外部世界信息。今天人们面对的大数据，其容量单位由太字节(TB)级别跨越到刀字节(DB)级别，还体现在多样性、处理速度和复杂度等方面，对大量信息源产生的数据的呈现和图形表达，让普通人也能快速理解可视化的图形。

数据可视化之"见"：见指看见和洞见。数据可视化可以洞察统计分析无法发现的结构和细节。这也使得学习及掌握数据可视化处理工具和获得解决方案显得十分迫切。工具软件可快速帮助人们分析数据以及进行图形绘制。数据可视化几乎是所见即所得的，图形展现使得管理效率大大提高，决策辅助支持能力大幅提升，能有效呈现重要特征，揭示客观规律，辅助人们理解事物的概念和过程，促进沟通交流。

数据可视化之"值"：值指价值和增值。早在数据可视化之前，科学可视化已经在各个领域大显身手。卫星地图、地质勘探、人体透视等技术延长、伸展并穿透地超越了人眼的局限性。数据可视化在近几年发展起来，也继承和发展了科学可视化的本领，揭示蕴含在数据中的价值使得数据可视化已经成为信息产业中最具潜力的蓝海。人们赋予数据可视化更多的意义，洞悉蕴含在数据中的现象和规律，进一步发现、解释、探索和学习；使数据可视化成为信息资源的载体具有了资本特性；数据可视化的价值在于运用，数据可视化在各个行业的广泛应用，促进社会价值的快速提升才是其最终目的。

数据可视化工具繁多，一方面，要运用好已有工具。普通用户对 Excel 和 Tableau 的图形驾驭还是最为方便。专业用户可以选择 3D Slicer、TextArc、Palantir 等更有针对性的可视化软件，这些软件都会在第 6 章中详细说明。另一方面，根据各领域的需要，领域专家也可结合自己的专业领域内容开发程序软件，有效将数据可视化和各行业的应用相结合，推动新技术和新应用的发展，这两方面的人才都是不可或缺的。因此，以不同的需求，从不同的角度学习了解数据可视化是本书的基本出发点。

　　本书的出版得到天津财经大学统计学院数据工程系列教材编委会的大力支持。可视化教材成为数据工程专业系列教材之一，可以为高等院校相关专业开设"大数据"有关课程的本科生、研究生以及各行各业的经济、管理人员提供参考，对于信息技术专业和理工科类专业的学生以及有一定实践经验的信息技术人员也具有重要的学习价值。

　　本书的撰写力求理论联系实际，结合一系列了解和熟悉数据可视化理念、技术与应用的学习和实践活动，把数据可视化的相关概念、基础知识和技术技巧融入实践中，使学生保持浓厚的学习热情，加深对数据可视化技术和运用的兴趣、认识、理解和掌握，努力让非技术专业的人也能看懂数据科学的知识、理论及方法。本书的教辅资料也提供了 10 项实验供教学参考，其中包括对美学要素的理解和设计实验、结合个人购物进行"我的订单"分析及可视化展示实验、汽车行业数据分析展示报告实验、三维立体图形展示报告实验、朋友圈可见社会网络分析展示实验、金融机构数据挖掘的 Weka 软件操作报告实验、泰坦尼克号乘客生还可能性层次网络的决策树展示报告实验等。

　　本书由天津财经大学统计学院和管理科学与工程学院团队撰写。参加编写工作的人员具体分工如下：杨尊琦、尚翔负责大纲的制定、全书的校改和实验设计等工作；朱笑笑负责第 1 章和第 10 章的撰写；潘婧炜负责第 2 章和第 7 章的撰写；杜佳玮和杜云鹤负责第 3 章的撰写；张琳和赵钰鹏负责第 4 章和第 11 章的撰写；蒋文文负责第 5 章的撰写；赵钦和高欣玥负责第 6 章的撰写；李艳霞负责第 8 章的撰写；毛何灵负责第 9 章的撰写；实验样例由全体人员操作并撰写。本书在撰写过程中参考了很多优秀的教材、专著和网络资料，在此对所有被引用文献的作者表示衷心的感谢。

　　限于能力水平，书中难免有疏漏或不足之处，希望读者给予指正，不吝赐教。

作　者
2021 年 3 月

目　录

第1章 数据及可视化基础

起源于人类活动的大数据最终要服务于人类，大数据在信息空间中无处不在。从时空地理数据，到日常生活中的文本数据，以及社会媒体中的在线社交数据，都是数据的存在形式，而如何对海量的数据进行分析，首先需要理解数据的本质，再借助带有机器智能的计算机按照数据处理流程进行基本的数据分析。通过计算机等硬件设施对数据进行获取、存储、传输和分析，在这一过程中，需要一种信息交流的通道，实现人眼的感知能力与智能设备的交互，而可视化就可以通过将数据映射为符号、颜色、纹理、图片等，高效传递有用的信息。海量数据与可视化技术的结合，能够相得益彰，按照数据可视化的流程进行，使用数据可视化工具，最终将大数据分析和挖掘的结果通过形象化和可读性强的图形表示，达到快速高效理解的目的。

本章介绍数据及可视化基础，对本章概念和定义的学习，可以为后续章节的学习奠定基础。通过学习数据及可视化基础，可以对时空、地理数据，文本数据，社交数据等不同类型的数据，按照可视化流程，使用不同的可视化工具进行分析处理，可视化展示数据背后的信息。

1.1 什么是大数据

迅速增长的数据量为各组织提供了新的挖掘素材，大数据的本质是信息资产。大数据是需要新处理模式才能具有更强的决策力、洞察发现力和程序优化能力的海量、高增长率和多样化的信息资产[1]。其具有数量体积巨大、数据类型繁多、价值密度低、处理速度快等特点。本节主要就大数据的定义、特征和类型进行阐述。

1.1.1 大数据的定义

大数据[2](big data)，又称巨量资料，是指所涉及的数据资料量规模巨大到无法通过人脑甚至主流软件工具，在合理时间内撷取、管理、处理并整理成为帮助企业经营决策更积极的资讯。丽莎·亚瑟(Lisa Arthur)在《大数据营销：如何让营销更具吸引力》一书中将大数据定义成纷繁杂乱的互动的应用程序、信息和流程，把大数据比喻为数据"毛球"。大数据一词自 2008 年被提出至今，很多领域以及企业均在投入大量精力对它进行研究并有效利用。下面从三个角度定义大数据。

1. 技术分析角度

技术分析角度重点关注的是对海量、复杂数据进行分析处理，从而获得信息和知识的技术手段。其中较为权威的观点来自麦肯锡全球研究院(Mckinsey Global Institute, MGI)

发表的《大数据：下一个创新、竞争和生产力的前沿》，该报告提出：大数据是指其大小超出了典型数据库软件的采集、存储、管理和分析等能力的数据集。从表 1-1 中可以看到大数据的技术分析角度的解释。

表 1-1 研究者从技术分析角度对大数据的解释

研究者	主要观点
国际数据公司 (International Data Corporation, IDC)	大数据是"为更经济地从高频率的、大容量的、不同结构和类型的数据中获取价值而设计的新一代架构和技术"
美国国家标准与技术研究院 (National Institute of Standards and Technology, NIST)大数据工作组	大数据是指那些传统数据架构无法有效处理的新数据集。因此，采用新的架构来高效地完成数据处理，这些数据集特征包括容量、数据类型多样性，多个领域数据的差异性，数据的动态性(可变性)
联合国"全球脉动"资深发展经济学家艾玛纽尔·勒图 (Emmanuel Letouze)	在其牵头编写的《大数据促发展：挑战与机遇》中提出，大数据是一个用来描述海量结构化和非结构化数据的流行短语，这些数据的容量非常巨大以至于很难用传统的数据库和软件技术处理
亚马逊网络服务(Amazon Web Services, AWS)数据科学家约翰·劳萨(John Rauser)	将大数据简单概括为：任何超过了一台计算机处理能力的庞大数据量
中国工程院院士李国杰	在《大数据的研究现状与科学思考》中提出：大数据是指无法在可容忍的时间内用传统信息技术和硬件工具对其进行感知、获取、管理、处理和服务的数据集合

综合来看，可以给大数据下如下两个定义：

(1) 大数据是一种难以处理的大规模数据集；

(2) 大数据需要特定的技术才能完成其采集、分析、应用等。

2. 大数据应用价值角度

大数据应用价值角度强调大数据应用[3]，侧重于能够从海量数据中获得信息和知识的价值，最终目的是增加商业方面的竞争优势。

高德纳咨询公司(Gartner Group)曾提出：大数据是需要新处理模式才能具有更强的决策力、洞察发现力和流程优化能力来适应海量、高增长率和多样化的信息资产。从表 1-2 中可以看到大数据的应用价值角度的解释。

表 1-2 研究者从应用价值角度对大数据的解释

研究者	主要观点
高德纳咨询公司	在《2012 年大数据技术成熟度曲线》中，将大数据定义为"大容量、速度快、多样化"的信息资产，需要成本更低、效率更高、创新性的处理方式，从而增强洞察力、决策和过程自动化
国际数据公司	大数据是"为更经济地从高频率的、大容量的、不同结构和类型的数据中获取价值而设计的新一代架构和技术"
Facebook 首席工程师帕里克(Parikh)	大数据的意义在于：其能从数据中挖掘出对商业有价值的决策力和洞察力。如果不能很好地利用自己收集到的数据，那么只是空有一堆数据，即使其体量再大，也不能称为大数据

3. 大数据对社会发展影响角度

大数据对社会发展影响角度强调大数据产生的影响，主要是对社会生产方式、人类生活方式和思维范式的影响等。

数据科学家维克托·迈尔-舍恩伯格(Viktor Mayer-Schönberger)和肯尼思·库克耶(Kenneth Cukier)在《大数据时代：生活、工作与思维的大变革》中提出：大数据是人们获得新的认知、创造新的价值的源泉；大数据还是改变市场、组织结构，以及政府与公民关系的方法。哈佛大学定量社会研究中心主任盖瑞·金(Gary King)在"Why Big Data Is a Big Deal"的演讲中指出：大数据技术完全是一场数据革命(big data revolution)，这场革命给政府管理、学术及商业带来了很多颠覆式变革。他认为大数据技术将涉及人类研究的各个领域，而大数据也终将带来一场变革，包括信息生产力和信息生产关系。

1.1.2 大数据的特征

大数据特征最早的提出者是麦塔集团(META Group，现为高德纳咨询公司)分析师道格·莱尼(C. Doug Laney)，他在研究报告《3D 数据管理：控制数据数量、速度及种类》中指出，数据激增的挑战和机遇是三维的，不仅仅在通常所说的数据容量大(volume)层面，还包括数据处理速度快(velocity)以及数据种类多(variety)。

此后，研究者纷纷从特征角度去分析和理解大数据，并对这种"3V"的观点加以丰富。其中，国际数据公司的观点最为权威，也得到了研究者的广泛认同，该公司在《从混沌中提取价值》中提出大数据的"4V"特征，即数据容量大、数据种类多、处理速度快、商业价值高(value)，如图 1-1 所示。

在"4V"的基础上，结合表 1-3 研究者对大数据特性的理解，概括大数据的特征为以下六方面：

(1) 规模性。规模性也称为数据体量巨大。目前，大数据的规模尚是一个不断变化的指标，单一数据集的规模范围从几十太字节到数皮字节(PB)不等，数据量急剧增长。

(2) 多样性。多样性是指数据类型多样：从生成类型上可以分为交易数据、交互数据、传感数据；从数据来源上可以分为社交媒体、传感器数据、系统数据；从数据格式上可以分为文本、图片、音频、视频、光谱等；从数据关系上可以分为结构化数据、半结构化数据、非结构化数据；从数据所有者可以分为公司数据、政府数据、社会数据等。

(3) 高速性。高速性是指数据的增长速度快，以及要求数据访问、处理、交付等的速度快。由于数据创建的实时性，数据创建、处理、传输、分析的速度都随之加快，数据

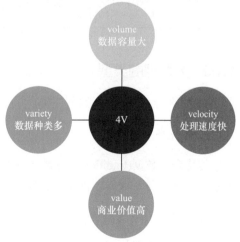

图 1-1 大数据的特征

产生、获取、存储和分析的速度都已远远超过传统系统，数据的时效性更强，随之产生更大的价值。

(4) 价值性。价值性是指大数据价值巨大。大数据能够通过规模效应将低价值密度的数据整合为高价值、作用巨大的信息资产。例如，假如美国社交网站 Facebook 有 10 亿用户，那么网站对这些用户信息进行分析后，广告商可根据分析结果精准投放广告。对于广告商，10 亿用户的数据价值上千亿美元。资料报道，2012 年，运用大数据的世界贸易额已达 60 亿美元。

(5) 易变性。易变性是指大数据具有多层结构。弗雷斯特研究公司(Forrester Research)分析师布赖恩·霍普金(Brian Hopkins)和鲍里斯·埃韦尔松(Boris Evelson)指出：大数据具有多层结构，这意味着大数据会呈现出多变的形式和类型。相较传统的业务数据，大数据存在不规则和模糊不清的特性，因此很难甚至无法使用传统的应用软件进行分析。

(6) 准确性。准确性也就是真实性，包括可信性、真伪性、来源和信誉的有效性、可审计性等子特征。一方面，对于网络环境下如此大量的数据需要采取措施确保其真实性、客观性，这是大数据技术与业务发展的迫切需求；另一方面，通过大数据分析，真实地还原和预测事物的本来面目也是大数据未来的发展趋势。

表 1-3　研究者对"大数据"特性的理解

研究者	主要观点
麦塔集团分析员道格·莱尼(C. Doug Laney)	归纳为规模性、高速性、多样性，简称"3V"或"3Vs"
麦肯锡全球研究院	
国际数据公司	在"3V"上增加价值性，构成"4V"
中国工程院院士李国杰、中国科学院计算技术研究所副所长程学旗、中国工程院院士倪光南	
IBM 商业价值研究院	在"3V"上增加准确性，构成"4V"
弗雷斯特研究公司分析师布赖恩·霍普金(Brian Hopkins)和鲍里斯·埃韦尔松(Boris Evelson)	在"3V"上增加易变性，构成"4V"

1.1.3　大数据的类型

大数据大致可以分为如下三类。

1. 传统企业数据

传统企业数据(traditional enterprise data)包括传统供应链上的企业资源计划数据、客户关系系统的消费者数据、批发和销售公司的库存数据以及账目数据等。

2. 机器和传感器数据

机器和传感器数据(machine-generated/sensor data)包括呼叫记录、智能仪表上的数据、工业设备传感器中的数据、设备日志、交易数据等。图 1-2 是 2011～2019 年天猫

"双十一"交易数据。

图 1-2　2011~2019 年天猫"双十一"交易数据

3. 社交数据

社交数据(social data)包括用户行为记录、反馈数据等，如 Twitter、Facebook 等社交平台数据。Facebook 用户每天共享的数据信息超过 40 亿条，Twitter 每天处理的数据量超过 3.4 亿条。图 1-3 是 2018 年微博用户发布数据，可以看出微博作为社交媒体，是用户表达的常用方式。

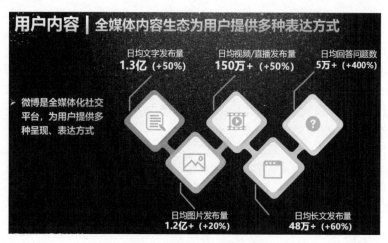

图 1-3　微博用户发布数据

1.2　什么是可视化

如今，大数据和人工智能已经成为热门话题，存在于各行各业。海量的数据以及复杂的数据关系为数据分析带来了挑战，如何将海量枯燥的数据通过技术转化为人眼可识别的图形，并且挖掘其背后蕴含的信息成为重要研究方向。而可视化就是其中重要的组成，通过可视化，数据可以以可视化图形方式展示，更直观地帮助人们理解数据隐藏的信息。本节就可视化概念、可视化技术以及可视化的意义对可视化展开阐述。

1.2.1 可视化的概念

"可视化"一词源于英文"visualization"[4]，译为"形象化"、"成就展现"等。用形象化的方式将现实中存在的抽象事物、过程转化为图形就是可视化。图 1-4 是社会网络可视化，将社会网络中的"人"形象地比喻为各个"节点"。

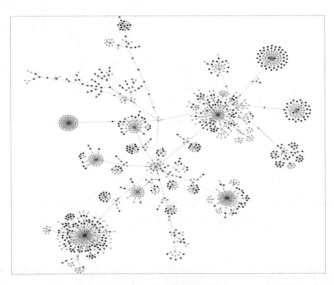

图 1-4　社会网络可视化

用可视化展示信息的方式可以追溯到几千年前，从古人在洞穴里绘制的图形，到人们日常使用的地图、科学制图等，都是可视化的。可视化可以概括为：将数据、信息和知识转化为形象化的视觉表达的过程，在此过程中，可以充分利用人眼的快速识别能力，用形象化的表达帮助人们进行数据解读。

📖 数据：对客观事物的符号表示，如图形符号、数字、字母等。它能对一个事实进行陈述，但是它是离散的，缺乏关联性和目的性。信息：物质运动规律的总和，是赋予了意义的数据，是数据在信息媒介上的映射。知识：又称复合知识，是最为复杂的数据矩阵，是以上几种数据形态的综合。

1.2.2 可视化技术

可视化技术最早用于科学计算，按照应用范围可以分为科学可视化和信息可视化。当前更多的研究集中于信息可视化，以大型数据库、网络资源等信息集合作为研究对象，可视化以认知心理学和计算机图形学为基础，认知心理学解释了人类认识和感知世界的方式，提供可视化的理论指导，计算机图形学为可视化提供了形象化、艺术性的表现方法，可以作为可视化实现的工具。

可视化技术主要包括以下几个方面。

1. 科学计算可视化技术

科学计算可视化技术[5]主要是针对计算或者实验产生的数据，将其进行可视化的方法研究，可视化的范围从最初的科学计算产生的数据逐渐扩展到各种类型的数据，逐步形成了数据可视化。

2. 现代数据可视化技术

现代数据可视化技术是将数据运用计算机图形学和图像处理技术，以图形或者图像的方式显示在屏幕上并进行交互处理[6]。数据可视化运用的技术有可视化视图(如计算机操作系统从 DOS 到 Windows 的变换、心电图等)、体绘制(volume rendering)、路径线和条纹线(streak line and path line)等。

3. 信息可视化

信息可视化[7]是以计算机为支撑，用抽象数据可视化表示，以增强人们对非抽象信息的认知。信息可视化运用的技术有直方图、树形图、矩阵、流程图、维恩图(Venn diagram)、欧拉图(Euler diagram)等。图 1-5 是维恩图，在图中可以看到不同颜色的椭圆有重叠和交叉的部分，也有独立不交叉的部分。

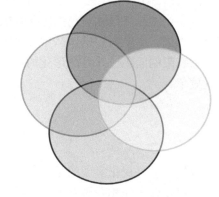

4. 知识可视化

图 1-5 信息可视化技术(维恩图)

知识可视化主要针对的是事实信息、见解、经验、态度等，通过知识可视化方式可以帮助人们正确高效地重构、记忆、应用知识[8]。目前常用的知识可视化工具有概念图、思维导图[9]、认知地图、语义网络等。图 1-6 是思维导图，通过此图可对《鲁滨逊漂流记》有概括的了解。

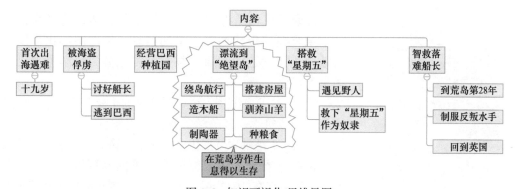

图 1-6 知识可视化(思维导图)

1.2.3 可视化的意义

可视化作为人类对数据的一种认知工具，通过可视化对知识进行形象化表示，能有效帮助人们更加系统地组织、整合、内化知识[10]。通过可视化，可以联想和构造新形象，使得新知识能够更好地与大脑中的知识网络紧密联系，优化大脑中知识的认知结构。可视化得出的系统化、结构化的知识更容易被记忆和存储，提高今后解决问题的速度。

借助可视化技术，能够对知识进行高度提炼和浓缩，将知识系统化、结构化，可视化能够将知识的核心内容提炼出来，实现隐性知识显性化，方便知识交流和共享。通过可视化，能够将事件的关联以结构化的方式展示出来，分解目标、突出重点，将问题清晰化、具体化，在这一过程中实现了问题求解、头脑风暴、思维发散等。

通过对知识进行可视化的表达，可以实现知识的系统化、结构化，帮助人们提高对知识的认知，实现思维的可视化，降低学习知识的复杂度，提高学习的效率。

可视化的最终目标是挖掘隐含在数据中的现象和规律，将实际的数据用形象化的方式展示出来，帮助人们迅速从中发现模式和规律。可视化能够帮助人类解决记忆内存和注意力有限的问题，并且图形化的符号能够使人的注意力关注重要的目标，提高传递信息的效率。

1.3 数据可视化

数据信息可视化实现的是人与信息间形成的可视化界面，是研究人与计算机传送出的信息以及两者间相互影响的技术[11]，利用各种科技手段，将人们无法想象和设想的、抽象的数据用动态直观的形式展现出来，进而达到揭示自然以及社会发展规律的目的。总之，数据可视化是在大数据普遍应用的背景下发展起来的一项科学研究，换句话说就是大数据的全球化普及推动了数据可视化技术的研究与发展。本节介绍数据可视化的概念和数据可视化的应用。

1.3.1 数据可视化的概念

数据可视化是将数据进行形象化表达，定义为：一种以某种概要形式抽提出来的信息，借助图形化手段更有效地进行表达和沟通。数据可视化分为科学可视化和信息可视化。

(1) 科学可视化[12]。科学可视化的主要关注对象是三维现象，如建筑学、气象学等系统，以体、面、光源等渲染为主。图 1-7 是科学可视化中的医学影像图，通过该影像图可以清晰地看到人体内部结构。美国计算机科学家布鲁斯·麦考梅克在 1987 年首次对科学可视化的目标和范围进行了阐述："利用计算机图形学来创建视觉图像，帮助人们理解科学技术的概念或结果等错综复杂而又往往规模庞大的数字表现形式。"

(2) 信息可视化。信息可视化主要针对的是大规模非数值型信息，通过可视化技术将它们展示为图形或图像，辅

图 1-7　医学影像图

助人们理解和分析数据。图 1-8 是对旅游文档的词云分析,图中较明显的是"古北水镇"、"司马台长城"等,可以看出文档是与古北水镇以及司马台长城有关的旅游文档。

图 1-8　信息可视化:词云

数据可视化提高了处理数据的速度,使数据可以在短时间内被利用和传播,帮助人们更有效地利用数据工作和生活[13]。数据可视化使得人与人之间可以更加方便快捷地沟通。图 1-9 是 1954～1955 年在英国由一张桌子+纸板制作的三维数据可视化立体图。

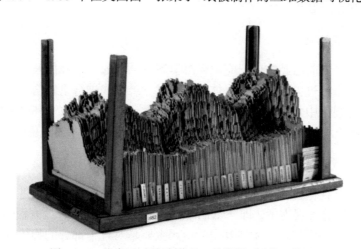

图 1-9　一张桌子+纸板制作的三维数据可视化立体图

计算机的发展和进步与数据可视化的发展息息相关,数据是计算机进步的支撑,是计算机的核心。图 1-10 是智慧城市数据可视化。

历史证明,人类科学发现离不开人类的视觉。通常来说,一旦可视化方面出现了关键技术,那么随之就会带来科学的重大发现[14]。例如,由于望远镜和显微镜的发明,天文学和生物学出现了很多重大科学发现。借助这些工具，人类眼睛的功能得到了扩展。这个道理放在当下，也依旧成立。借助可视化技术，人类能够对海量的数据进行分析。人的创造性由逻辑思维和形象思维共同影响。人脑的记忆容量有限，通过可视化的技术，能将数据进行形象化展示，以此来激发人们的形象思维。将数据用图像展示出来，才更有利于隐性知识显性化，发现宝贵的隐藏信息。

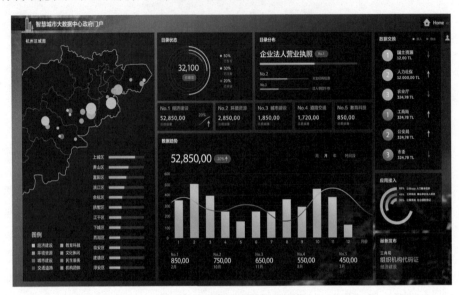

图 1-10　智慧城市数据可视化

1.3.2　数据可视化的应用

1. 在医学领域的应用

可视化技术在当前已经被广泛应用到医学领域[15]，如整形和假肢外科手术，主要是利用可视化技术来将过去看不到的人体器官通过三维模式进行重新构建，从而实现可视化。目前医学可视化中常用的技术有图像分割技术、实时渲染技术和多重数据集合图像标定技术。这些技术的发展和应用将促使我国的医学可视化技术得到更进一步的推广。

2. 在工程领域的应用

工程领域的可视化技术应用广泛，这里以流体力学中的应用为例进行分析。流体力学以求解流体偏微分方程为主，即 Navier-Stokes 方程的数值解，该方程的求解是工业设计和航天学的核心。可视化技术在其中的应用主要是对各个部分的物体进行直观观察，进一步确定几何尺寸等，同时通过可视化技术，研究人员能够清晰地看到各个细节的变化情况，以便进行准确的分析。

3. 在气象预报中的应用

气象预报关系到人们的生活，气象预报的精准程度与国家的经济、人们的出行、安全息息相关。气象预报需要依靠海量的数据进行分析以提高分析的准确性。而利用可视化技术能够有效提升分析的准确性。通过可视化技术，将气象数据转化为图形图像等形象化表达，对暴雨位置、云层运动等做出精确的定位，帮助研究人员进行准确的分析和预测。

1.4　案例——新闻可视化

当前，碎片化阅读越来越盛行，新闻作为信息传播的重要途径，也要追求新闻的可读性和直观性，通过可视化的技术和工具，合理运用图表技术，对新闻进行解读、数据展示和情景再现，对提升新闻的传播有显著的效果。特别是在新闻排版时，假如版面没有合适的照片，或者是照片不足以表达整个新闻报道的主题，那么可视化图表的优势就能显现出来[16]。近年来，在新闻中使用的图表日益增多，新闻的制作水准也在提升，可见新闻可视化对于新闻报道的发展越来越重要。本节对新闻可视化的概念和实例进行介绍。

1.4.1　新闻可视化的概念

大数据时代，新闻可视化可以从两个方面进行解释和理解：新闻呈现形态和生产进程[17]。随着科学技术的发展，人们拥有了一个广阔的平台来表达自己的言论和见解，人们参与新闻可视化的形式也从图形、图像转为音频、视频，不仅包含静态新闻，也包含动态新闻。新闻可视化就是指用可视化的技术对新闻进行处理，通过图形、图像的方式展示，让受众能够更加直观和准确地对新闻进行解读，在此过程中运用人机交互技术对图形、图像进行分类和分解，新闻可视化要同时具备可靠性和完整性。图 1-11 是搜狐新闻的一条"回家过年变'团圆负担'？"的新闻可视化展示，此图将全文字的新闻转化为形象可观的图表，言简意赅地概括了新闻的内容和中心思想。

图 1-11　搜狐新闻可视化

新闻可视化不仅包含传统新闻的文字和图像，还有视觉、听觉、触觉等，新闻可视化通过可视化技术将信息传播出去，可以方便受众了解和分享新闻的内容，扩大新闻的受众范围，提高受众理解信息的能力[18]。新闻可视化将图像学、计算机仿真、现代化技术、可视化仿真、可视化技术等联系在一起，将传统抽象的新闻内容转化为具体直观的内容，可以加深受众的感受。新闻可视化通过清晰易懂、简单明了的图像将新闻展示出来，有利于新闻更广泛和有效地传播及交流，有利于人们进一步理解可视化的内涵，以及拓宽受众的眼界。

1.4.2 新闻可视化的实例

快节奏的当代生活，被海量的信息所充斥，特别是在媒体环境中，信息的更新速度快、发布周期短、内容量大，这些都给人们带来了不一样的体验[19]。但是，人们对信息的接受能力有限，而信息的推送无限，这就产生了矛盾，那么如何使受众能够高效接收信息，是所有媒体人需重点关注和思考的问题。新闻可视化就是解决此问题的方式之一。

1.传播环境驱使

新闻可视化的形式是新闻报道的一种新模式，它不仅需要完成传统新闻报道的信息传递作用，更包含了在可视化制作中制作者的智慧和辛劳。所以，要产生一篇可视化新闻报道，往往要付出比同样主题的其他新闻报道样式更多的智慧劳动和制作时间。图 1-12 是全国抗击新冠肺炎疫情表彰大会在京隆重举行的文字新闻报道，图 1-13 是民族汽车品牌企业勇于承担社会责任，在疫情之下自强不息保生产，得到媒体积极肯定。互联网舆论认为，民族品牌车企在春节期间紧急生产负压救护车，成立武汉保障车队和应急车队运输病患及医护人员，也是这场抗“疫”战斗中的“最美逆行者”。

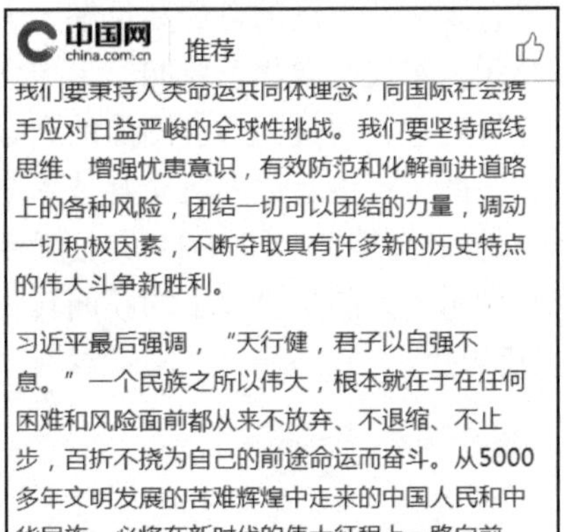
中国网 china.com.cn 推荐

我们要秉持人类命运共同体理念，同国际社会携手应对日益严峻的全球性挑战。我们要坚持底线思维、增强忧患意识，有效防范和化解前进道路上的各种风险，团结一切可以团结的力量，调动一切积极因素，不断夺取具有许多新的历史特点的伟大斗争新胜利。

习近平最后强调，“天行健，君子以自强不息。”一个民族之所以伟大，根本就在于在任何困难和风险面前都从来不放弃、不退缩、不止步，百折不挠为自己的前途命运而奋斗。从5000多年文明发展的苦难辉煌中走来的中国人民和中华民族，必将在新时代的伟大征程上一路向前，任何人任何势力都不能阻挡中国人民实现更加美好生活的前进步伐！

会上，“共和国勋章”获得者钟南山，全国抗击新冠肺炎疫情先进个人、全国优秀共产党员、北京协和医院感染内科主任医师刘正印，全国抗击新冠肺炎疫情先进集体、全国先进基层党组织代表、武汉市青和居社区党总支书记桂小妹发言。

会前，习近平等领导同志会见了国家勋章和国家荣誉称号获得者，全国抗击新冠肺炎疫情先进个人、先进集体代表等，并同大家合影留念。

图 1-12　全国抗击新冠肺炎疫情表彰大会图片报道

图片来源：http://m.china.com.cn/appshare/doc_1_3_1736967.html

新闻的可视化展示，从两幅图中可以看出：在把新闻事件通过可视化的方式呈现出来之后，广大受众更容易在最短时间内把握新闻报道的核心内容和想要获知的关键信息。

2. 受众需求指引

新闻报道需要与受众的需求契合，可视化新闻是在大信息实体粒度前提下通过数据支撑的可视化呈现，详细反映新闻事件的报道样式，以此充分地满足了受众对信息实体粒度的最优化追求[20]。图 1-14 是暴雨降水量的可视化，受众可以通过该图在最短的时间内掌握暴雨的相关发展情况。从全国平均降水量变化、全国降水量距平百分率分布、主要流域降水量与往年对比三个角度，将各地降水量与往年同时段进行比较，得出结论：2015 年全国大部分地区的降水量与常年同期相比都偏多，暴雨过程多、强度大。

图 1-13　民族车企抗"疫"行动热点词云图

图片来源：http://www.jjckb.cn/2020-03/09/c_138859342.htm

全国平均降水量历年变化(1951～2015年)

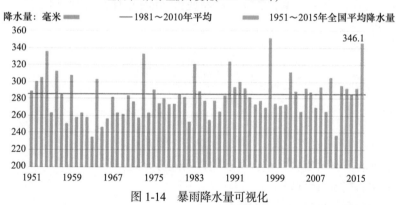

图 1-14　暴雨降水量可视化

图 1-15 和图 1-16 是对《为什么淮河流域容易发生洪水？》的解说。该新闻报道在数据图上详细列举了几点原因，包括上、中游落差大、降雨集中、受黄河影响大等。借助数据和图文的表现力，枯燥的事发原因变得简单易懂。

3. 传播功能拓展

可视化新闻的产生在一定程度上拓展了传播的功能，可视化新闻打破了语言的界限和障碍[21]，使各个国家或地区的人都能对新闻进行直接快速的解读，在公开数据和可视化技术的支撑下，可视化新闻的制作更加便捷。可视化新闻作为受众碎片化背景下的一

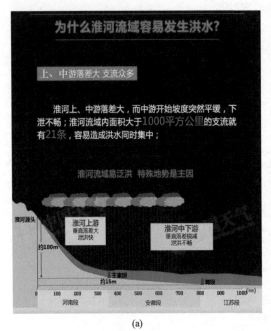

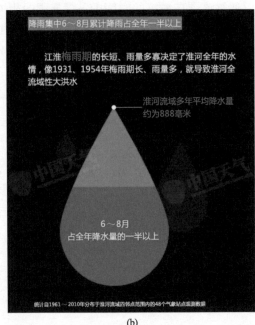

| (a) | (b) |

图 1-15 《为什么淮河流域容易发生洪水？》可视化 1   图 1-16 《为什么淮河流域容易发生洪水？》可视化 2

种传播手段，使新闻更加具象、系统，从而使得新闻报道的可读性和易读性增强，以达到大众接受的美学要求。

1.5 习题与实践

1. 概念题

(1) 大数据的特征包括什么？它们之间有什么关系？

(2) 大数据的类型有哪些？结合身边的数据进行分类。

(3) 可视化的技术有哪些？

(4) 试区分数据、信息和知识的概念。

(5) 数据可视化的概念及相关应用领域有哪些？

(6) 新闻可视化产生的原因是什么？

2. 操作题

(1) 搜集国内外不同类型的可视化作品，从其包括的数据类型、数据可视化的应用等角度撰写分析报告。

(2) 选择你感兴趣的一条新闻，提炼其中的数据和概念，制作一条可视化的新闻报道。

参 考 文 献

[1] 维克托·迈尔-舍恩伯格, 肯尼思·库克耶. 大数据时代: 生活、工作与思维的大变革[M]. 周涛, 等译. 杭州: 浙江人民出版社, 2013.

[2] 马建光, 姜巍. 大数据的概念、特征及其应用[J]. 国防科技, 2013, 34(2): 10-17.

[3] 方巍, 郑玉, 徐江. 大数据: 概念、技术及应用研究综述[J]. 南京信息工程大学学报, 2014, 6(5): 405-419.

[4] 刘勘, 周晓峥, 周洞汝. 数据可视化的研究与发展[J]. 计算机工程, 2002, 28(8): 1-2, 63.

[5] 唐泽圣, 孙延奎, 邓俊辉. 科学计算可视化理论与应用研究进展[J]. 清华大学学报(自然科学版), 2001, 41(4-5): 199-202.

[6] 任永功, 于戈. 数据可视化技术的研究与进展[J]. 计算机科学, 2004, 31(12): 92-96.

[7] 杨彦波, 刘滨, 祁明月. 信息可视化研究综述[J]. 河北科技大学学报, 2014, 35(1): 91-102.

[8] 赵国庆. 知识可视化 2004 定义的分析与修订[J]. 电化教育研究, 2009, 30(3): 15-18.

[9] 张豪锋, 王娟, 王龙. 运用思维导图提高学习绩效[J]. 中小学信息技术教育, 2005, (12): 13-15.

[10] 任磊, 杜一, 马帅, 等. 大数据可视分析综述[J]. 软件学报, 2014, 25(9): 1909-1936.

[11] 王维江, 张俊霞. 数据可视化技术研究的新进展[J]. 计算机时代, 2002, (5): 4-6.

[12] 杨峰. 从科学计算可视化到信息可视化[J]. 情报杂志, 2007, 26(1): 18-20, 24.

[13] 吴加敏, 孙连英, 张德政. 空间数据可视化的研究与发展[J]. 计算机工程与应用, 2002, 38(10): 85-88.

[14] 张浩, 郭灿. 数据可视化技术应用趋势与分类研究[J]. 软件导刊, 2012, 11(5): 169-172.

[15] 陈建军, 于志强, 朱昀. 数据可视化技术及其应用[J]. 红外与激光工程, 2001, 30(5): 339-342.

[16] 崔金童. 大数据时代可视化新闻发展探究[J]. 新闻研究导刊, 2016, 7(2): 70.

[17] 李璐扬. 大数据时代可视化新闻: 现状、特征与发展趋势[J]. 新闻研究导刊, 2016, 7(8): 111.

[18] 叶文宇. 大数据时代可视化新闻的特点及发展趋势[J]. 传播与版权, 2015, (9): 30-31, 42.

[19] 杨雅. 大数据分析与可视化技术: 新闻传播的新范式——"大数据与新闻传播创新"研讨会综述[J]. 国际新闻界, 2014, 36(3): 161-168.

[20] 滕瀚, 张双弢. 大数据时代的可视化新闻[J]. 采写编, 2014, (4): 24-25.

[21] 郎劲松, 杨海. 数据新闻: 大数据时代新闻可视化传播的创新路径[J]. 现代传播(中国传媒大学学报), 2014, 36(3): 32-36.

第 2 章　数据可视化的发展及分类

在学习了大数据与可视化的基础知识后，本章将讲述数据可视化的发展历程及数据可视化的分类。本章将从 10 世纪开始，首先沿着时间顺序介绍数据可视化历史中里程碑式的事件，主要包括数据可视化的起源与发展、数据可视化的起落与复苏以及数据可视化的蓬勃发展；然后介绍数据可视化的分类，将数据可视化分为科学可视化、信息可视化及可视分析学。

2.1　数据可视化的发展历程

一般认为数据可视化起源于几何学诞生的时代[1]，本节回溯到用图形表示信息的时代，简述数据可视化的发展历程。

2.1.1　数据可视化的起源与发展

欧洲中世纪，科学技术迅速发展，文艺复兴、地理大发现等事件给人们呈现了一个新的世界，绘图学、天文学等逐渐兴起，帮助人们记录对新世界的认知。

1. 数据可视化的起源

16 世纪，新航路开辟的同时伴随着地理测绘技术的快速发展，如三角测量、数学函数表等。图 2-1 描述了 Hasan 火山喷发时的情况，图中中央为两座相连的山峰，右侧的山峰喷发出黑烟，图片下方的方块代表人们居住的房屋。

图 2-1　公元前 6200 年描绘科尼亚平原的城镇地图

图片来源：http://datavis.ca/milestones/uploads/images/oldest-map.jpg

　　1570 年出版的 *Theatrum Orbis Terrarum* 被视为第一部具有现代意义的地图集，为后来几代人绘制地图提供了标准。17 世纪，笛卡儿将代数与几何相结合创立了坐标系与解析几何。图 2-2 为笛卡儿心形曲线。早期概率论等数学方法在这一阶段也逐渐发展，J. 格兰特开始研究人口统计学。在这个阶段，数据的收集整理和图表的绘制得到了系统的发展。

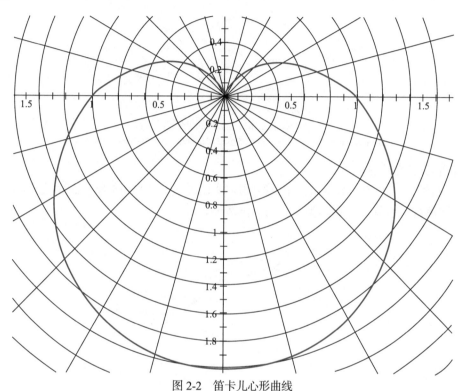

图 2-2　笛卡儿心形曲线

2. 数据可视化的发展

　　18 世纪，社会与科学快速发展：牛顿发现了天体运动规律、建立了微积分；数学和物理成为科学探索的基础；统计学出现萌芽；冒险家继续在世界各地探索着未知的事物；出现了三色彩印和平版印刷；英国开始了工业革命；社会管理逐渐走向数量化。

　　医学、地理、商业等方面的数据开始被系统地收集整理，几何图形的使用范围被扩大。与此同时，原有的图形已经无法满足现有需求，图形创新开始了。

1) 等值线图

　　等值线图常用来表示地势、温度等的变化，包括等高线图、等温线图等。哈雷在 1701 年绘制的用等值线表示等值的磁偏角的地图，被认为是第一幅等值线图。

　　等高线图是等值线图的典型应用之一，其用一条闭合曲线表示相同高度的地点，如图 2-3 所示，带有数字的三角形表示初始的数据点，应用 Delaunay 法则建立三角网络，即图中虚线所示，按照每 50m 为一个刻度，绘制出了图中曲线所示的等高线。

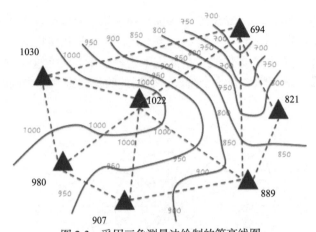

图 2-3　采用三角测量法绘制的等高线图

图片来源：https://pic4.zhimg.com/v2-57eca58d2e32966c167c5ad56d4adc09_r.jpg

2) 早期的统计图形

(1) 折线图。如图 2-4 所示，用折线图绘制了 X 公司在 2015 年、2016 年和 2017 年牛奶、冰淇淋、水果、谷物四类商品的销售情况。

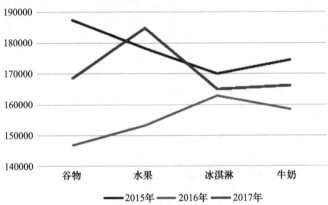

图 2-4　X 公司四类产品销售情况的折线图

(2) 条形图。如图 2-5 所示，用条形图绘制了 X 公司在 2015 年、2016 年和 2017 年

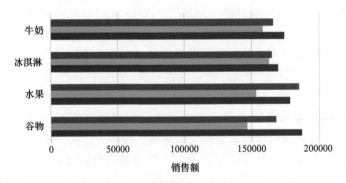

图 2-5　X 公司四类产品销售情况的条形图

牛奶、冰淇淋、水果、谷物四类商品的销售情况。

(3) 饼状图。如图 2-6 所示，用饼状图描绘了X 公司 2017 年牛奶、冰淇淋、水果、谷物四类商品的销售额与总销售额之间的比例关系。

3. 数据可视化的快速发展

19 世纪前半叶，数据的收集整理扩展到了社会管理领域，社会学研究开始出现。在这一阶段常用的统计图形均已出现，专题制图发展到了主题地图与地图集。下面介绍三种数据可视化在当时有代表性的应用。

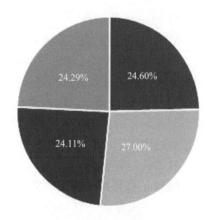

图 2-6　2017 年 X 公司四类商品销售情况的饼状图

1) 主题地图

William Smith 绘制了第一幅地质图，描绘了英格兰地层信息，引领了一场在地图上表现主题信息的潮流。主题地图将地图与主题结合起来，是在地理地图上按照地图主题的要求，突出并完善地表示与主题相关的要素，使地图内容专题化、表达形式各异、用途专门化[2]。

2) 霍乱地图

工业迅速发展与人口增长，但卫生管理并未与时俱进，使得城市居民极易受到传染病的侵害。自 1831 年英国第一次爆发霍乱开始，这种疾病夺走了数十万人的生命，数据可视化在分析霍乱传播因素中起到了重要的作用，通过 Robert Baker 绘制的霍乱地图可以看出疾病和居住条件存在联系。John Snow 针对 1854 年伦敦 Broad 大街霍乱情况绘制了点图，从图中可以看出霍乱集中在街道中部一处水泵周围发生，后来证实离这处水泵 3 英尺(1 英尺=0.3048 米)远的污水坑是这次霍乱发生的罪魁祸首。

3) 玫瑰图

玫瑰图，又称极坐标面积图，可以视为饼状图的一个变种，常用于表示气象、气候现象如测站的风向频率等[3]。使玫瑰图广为人知的是南丁格尔，她整理了战争期间英军的死亡人数，绘制了玫瑰图，从图中不仅可以看出 1854 年 4 月至 1855 年 3 月、1855 年 4 月至 1856 年 3 月这两年每个月军队死亡人数的变化，而且还能看出军队伤亡原因的结构，发现缺乏有效的医疗护理是导致受伤战士死亡的主要原因。

2.1.2　数据可视化的起落

19 世纪中期，数据可视化迎来了黄金时期，20 世纪的前 50 年，数据可视化处于创新低潮。

1. 数据可视化的第一个黄金时代

19 世纪中期，社会各行各业都认识到了数据的作用，统计学的影响迅速扩大，涌现出了众多图形创新。

1) Minard 的创新

Minard 绘制了描述拿破仑带领的法国军队在 1812～1813 年对俄国入侵情况的流地图，图中包含了如下信息：部队的规模、地理坐标、军队的分支与汇合情况、前进和撤退的方向、抵达某处的时间以及撤退路上的温度等。

Minard 认为基于位置的量化信息更适合表现在地图上，之后他又绘制了美国内战对欧洲棉花贸易的影响和法国的酒类出口情况的流地图。Minard 的另一个创新是把饼状图添加到地图上。

2) Galton 的创新

Galton 在可视化领域的创新是天气图，从图中可以看出气压、风向、降水和温度的情况。每一天都是一个 3×3 的格子：第 1 行表示气压、第 2 行表示风和降水、第 3 行表示温度；第 1 列代表早晨、第 2 列代表下午、第 3 列代表晚上。

Galton 的可视化创新展示了一种经验科学的研究方法，首先利用可视化总结抽象数据，发现模式，其次提出洞见，最后形成理论。

3) 统计地图集

到 19 世纪中叶，官方组织开始收集和发布关于人口、商业和社会情况的统计数据与图表，法国在 1879～1897 年按年度出版的地图集 *Albums de Statistique Graphique* 是其中的代表。1872～1874 年由 Francis A.Walker 指导的 *Statistical Atlas of the United States, Based on the Results of the Ninth Census*，展示的是美国第九次全国人口普查的情况，包括马赛克图、树图等很多新奇的图形式样。

2. 数据可视化的衰落

20 世纪的前 50 年是数据可视化的低潮，创新虽进展缓慢，但仍在继续。这个时期，推广数据可视化的代表人物是 Arthur L. Bowley，其著作 *Elements of Statistics* 被认为是英国第一本现代统计学教材，书中介绍了描述性统计方法在经济学和社会科学中的应用。

主题图方面的创新是 Beck 关于伦敦地铁图的设计，该图的特点是：用颜色区分路线；路线以水平、垂直、45°角的形式来表现；路线上的车站距离与实际距离不是完全成比例的。图 2-7 为 2020 年天津的地铁线路图。

在这个时期，数据可视化最重要的影响在天文、物理等科学领域中，主要包括以下两种。

(1) 蝴蝶图：用于研究太阳黑子随时间的变化情况。

(2) Hertzsprung-Russell 图：用于解释恒星的演化情况，是现代天体物理的奠基之一。

这个创新的低潮对数据可视化来说，也是个休眠期。创新的放缓代表着广泛的应用，将为下一阶段的创新提供实践的基础。同时，新的思想和技术、现代统计的发展、计算能力的提升、设备的进步等因素都将成为下一次创新大潮的推动力。

2.1.3 数据可视化的复苏

经过 20 世纪最初 50 年的低潮期后，数据可视化的创新开始慢慢苏醒，引领这次大

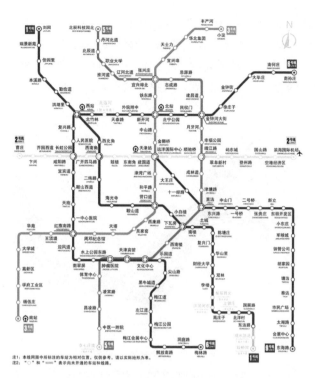

图 2-7　2020 年版天津地铁图

图片来源：http://www.tjgdjt.com/yunying/content_2237.htm

潮的是现代电子计算机的诞生。使用计算机程序绘图逐渐取代手绘，这带来了高分辨率的图形和交互式的图形分析。与此同时，统计的各应用分支逐渐建立，用以处理各自行业面对的数据问题。

引领这次新浪潮的是美国的 Tukey 和法国的 Bertin。Tukey 创造了茎叶图、盒形图等常用的格式。Bertin 总结出一套图形符号规律，提出了如图 2-8 所示的 6 个视觉变量。

在这一时期，数据可视化还有以下一些新发展。

1. 多元数据的可视化

1972 年 Andrews 提出调和曲线图，调和曲线图是将多元数据以二维曲线展现的一种统计图，常用于表示多元数据的结构。图 2-9 为应用分类实验数据集 iris(鸢尾花卉数据集)绘制的调和曲线图，图中的 setosa、versicolor、virginica 指的是鸢尾花的

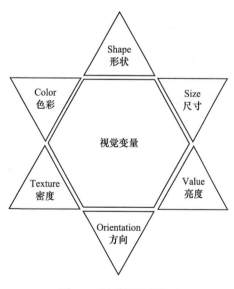

图 2-8　图形的视觉变量

品种。图 2-10 为 Herman Chernoff 发明的脸谱图，从左到右分别代表一般情况(无参数，原始脸谱)、美国人、欧洲人和日本人的脸谱。脸谱图一般采用脸的高度、脸型、嘴巴厚度、眼睛的高度、头发长度、鼻子高度、耳朵宽度等 15 个指标，将多个维度的数据用人脸部位的形状或大小来表示，能够直观、形象地表示多维数据。

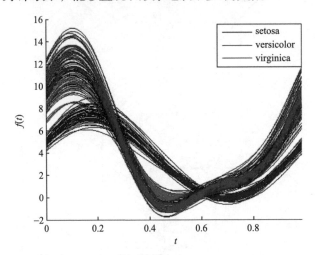

图 2-9　鸢尾花数据的调和曲线图(有微调)

图片来源：https://img1.doubanio.com/view/note/large/public/p7752127.jpg

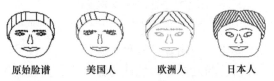

图 2-10　Herman Chernoff 发明的脸谱图(有微调)

图片来源：http://datavis.ca/milestones/uploads/images/faceautm.gif

2. 数据缩减的图形技术

如图 2-11 所示的散点图，在一幅图中同时表现变量和观测值，常结合主成分分析和因子分析使用。图中的 setosa、versicolor、virginica 分别代表三种鸢尾花，*SepL*、*SepW*、*PelL*、*PelW* 指花的属性，分别代表花萼长度、花萼宽度、花瓣长度、花瓣宽度。

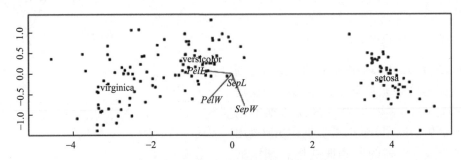

图 2-11　Fisher 鸢尾花数据的散点图

图片来源：https://img9.doubanio.com/view/note/large/public/p7752134.jpg

3. 图形形式的重新发掘

如图 2-12 所示的星形图，用线段与中心的距离来表示变量值的大小，用于展示含有多个变量的个体，图中展示了 12 名学生政治、语文、英语、数学和物理的期末考试成绩。

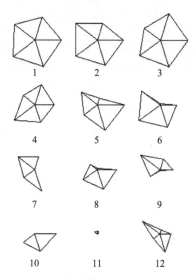

图 2-12　12 名学生学习成绩的星形图

图片来源：http://www.360doc.com/content/17/0503/23/2784483_650770308.shtml

2.2　数据可视化的蓬勃发展

自 20 世纪 80 年代以来，可视化进入了另一个黄金时期，在此后的几十年里不仅涌现出了新的视觉表达方式，同时在理论上将可视化分为科学可视化、信息可视化和可视分析学三大部分，数据可视化三大类型完备。

2.2.1　交互可视化

1970 年后，放射影像从二维发展到三维，即从 X 射线到计算机断层扫描与核磁共振图像。1989 年，美国国家医学图书馆实施可视化人体计划，利用计算机断层扫描与核磁共振技术，共得到 56GB 的数据，这个数据集成为可视化标杆式的应用范例，如图 2-13 所示。

自 18 世纪后期统计图形学诞生后，抽象信息的视觉表达方式仍然在不断发展，伴随着多媒体和移动时代的来临，非结构化数据大量涌现，产生了多维、实时的可视化需求，用级联嵌套的平面化树状结构表达层次结构的树图和表格透镜技术应运而生。

Gephi 是一个面向各种网络、复杂系统和动态分层图的交互可视化和探索平台，用于探索性数据分析、链接分析、社交网络分析和生物网络分析等，其设计初衷是采用简洁的点和线描绘与呈现丰富的世界，Gephi 在图的分析中加入了时间轴以支持动态的网络分

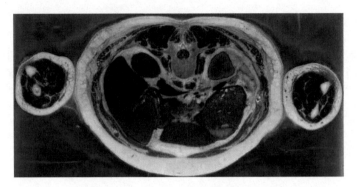

图 2-13　美国人体可视数据切片之一

图片来源：https://www.sohu.com/a/241789925_354970

析，提供交互界面支持用户实时过滤网络，从过滤结果再建立新网络。图 2-14 为 Gephi 的可视化效果图。

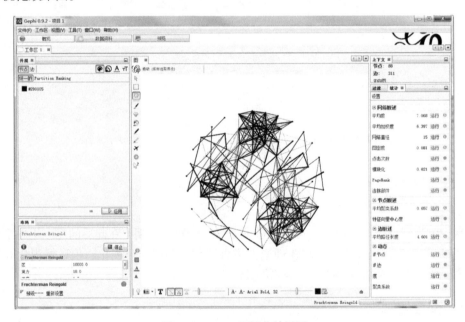

图 2-14　Gephi 可视化效果图

图片来源：https://www.jianshu.com/p/86145943695a

2.2.2　21 世纪的可视化

21 世纪，随着大数据时代的到来，数据量爆炸式增长，原有的数据可视化技术难以完成现有数据的分析，需要综合多学科，探索新方法，辅助用户从海量的、复杂的数据中快速挖掘出有价值的信息，以便做出有效决策。

Gapminder 是瑞士 Gapminder 基金会开发的一个用于分析多变量数据变化趋势的可视化分析平台，采用互动的可视化形式动态地展示了世界各地、各机构公开的各项数据。2007 年，Google 公司向 Gapminder 基金会购买了 Trendalyzer，并进行了自己的开发和功能拓展。通过 Google Gapminder，用户可以查看世界上各国人口发展和国内生产总值发展的动态变化图像。图 2-15 为 Gapminder 的可视化效果图，最下方是时间轴，点击左侧的按钮可以按照时间顺序播放对应图像，横轴代表收入，纵轴代表平均寿命，圆圈的大小代表人口数量，用圆圈的颜色区分不同的国家。

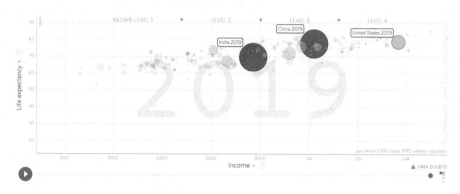

图 2-15　Gapminder 可视化效果图

图片来源：https://www.gapminder.org/tools/#$state$time$value=2019;&marker$select@$country=ind&trailStartTime=2019;
&$country=chn&trailStartTime=2019;&$country=usa&trailStartTime=2019;;;;&chart-type=bubbles

2.3　数据可视化的分类

数据可视化的处理对象是数据。按照数据对象的不同，数据可视化可以分为科学可视化与信息可视化。将数据分析技术与可视化技术相结合，形成了一个新的学科——可视分析学。

2.3.1　科学可视化

数据可视化的分类如图 2-16 所示[4]。

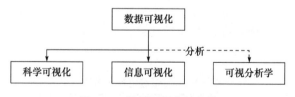

图 2-16　数据可视化的分类

科学可视化的处理对象是科学数据，主要面向自然科学领域，如生物学、物理学、气候学、医学等，研究如何对这些领域的数据和模型给出合理的解释，探索如何有效呈现数据的特点和关系来表示数据中蕴含的规律。

1. 科学可视化的类型

按数据维度的不同，科学可视化可分为三类：标量场可视化、向量场可视化和张量场可视化。

1) 标量场可视化

标量是指单个数值，标量场是指空间中每个采样点都是标量的数据场。表 2-1 为标量场可视化的方法。

表 2-1　标量场可视化方法

方法	具体操作	示例与注意事项
颜色映射	建立一张将数值与颜色一一对应的颜色映射表，将标量数值转化为对应的颜色输出	重点在于颜色方案的设置，不恰当的颜色映射会阻碍数据的解读
轮廓法	将场中数值等于某一指定阈值的点连接起来	等高线、等温线、等压线是使用轮廓法的典型应用
高度图	将标量数值的大小转化为对应的高度信息并加以展示。对高度图还可增加阴影以增强高度图的位置感知能力	图示的高低对应数据值的大小，起伏对应数据值的变化
直接体绘制	直接对三维数据场进行变换、着色，进而生成二维图像	重点在于颜色映射方案的选择，即传递函数的设计问题。在直接体绘制中，如何设计合理的传递函数是研究重点

2) 向量场可视化

向量是一维数组，代表某个方向或趋势，如风向等。向量场是指空间中每个采样点都是向量的数据场。对向量场直接进行可视化的方法如表 2-2 所示。

表 2-2　向量场可视化方法

可视化方法	标准做法
粒子对流法，模拟在向量场中粒子的流动方式，追踪得到的流动轨迹可以反映向量场的流体模式	流线、流面、流体、迹线和脉线等
纹理法，将向量数据转换为纹理图像，为观察者提供直观的影像展示	随机噪声纹理、线积分卷积(LIC)等
图标法，使用简洁明了的图标代表向量信息	线条、箭头和方向标识符等

3) 张量场可视化

张量是矢量的推广：标量可看成 0 阶张量，矢量可看成 1 阶张量。张量场可视化方法如表 2-3 所示。

表 2-3　张量场可视化方法

可视化方法	标准做法
基于纹理的方法	将张量数据转换为一系列图像，通过图像来解释张量场的属性，将张量场压缩为向量场后，使用向量场中的纹理法进行可视化
基于几何的方法	通过几何表达描述张量场的属性。图标法采用某种几何形式表达单个张量；超流线法将张量转换为向量，使用向量场中的粒子对流法进行可视化
基于拓扑的方法	计算张量场的拓扑特征，将区域分为具有相同属性的子区域，并建立对应的图结构

2. 科学可视化的应用

下面主要介绍科学可视化在自然科学和应用科学两方面的应用。

1）自然科学领域

（1）恒星的演化。如图 2-17 所示，可以看出恒星自诞生至成长成熟直至衰老死亡的过程。

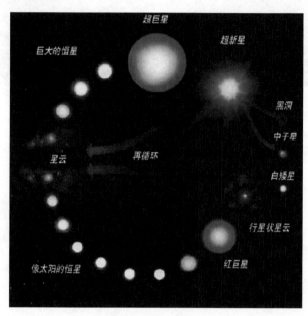

图 2-17　恒星的演化

图片来源：http://read.100xuexi.com/shidu/194471

（2）引力波。如图 2-18 所示，可以看出引力波从源头向外传播的过程。

图 2-18　引力波

图片来源：http://bohrlaser.com/newsinfo.php?id=52

（3）超新星爆炸。超新星爆炸是指恒星在演化接近末期时经历的一种剧烈爆炸[5]，如图 2-19 所示。

图 2-19　超新星爆炸

图片来源：https://m.sohu.com/a/164099817_99977065

(4) 三维分子结构的渲染。蛋白质分子结构渲染示意图如图 2-20 所示。

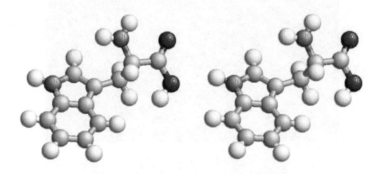

图 2-20　蛋白质分子结构的渲染示意图

图片来源：https://www.sohu.com/a/192767323_792348

2) 应用科学领域

(1) Nastran 模型。Nastran 是美国国家航空航天局(National Aeronautics and Space Administration, NASA)为了满足航空航天对结构分析的需求而开发的程序。图 2-21 为应用 Nastran 软件绘制的元件图。

(2) 城市的渲染。从图 2-22 中可以看出建筑物的轮廓信息。

2.3.2　信息可视化

信息可视化是可视化技术在非空间数据领域的应用，其处理对象是抽象的、非结构化的数据，通过信息可视化，用户可以发现数据隐藏的特征、关系和模式[6]。信息可视化的重点在于如何将非空间的抽象信息转化为有效的可视化形式。

1. 信息可视化的流程

图 2-23 是 Card 等提出的信息可视化模型[7]，信息可视化过程可以概述为三个数据转换：原始数据(源数据)→数据表；数据表→可视化结构；可视化结构→视图。

图 2-21　Nastran 模型

图片来源: https://www.0daydown.com/12/1192690.html

图 2-22　城市的渲染

图片来源: https://www.zcool.com.cn/work/ZMjU3NTE4NTI=.html?switchPage=on

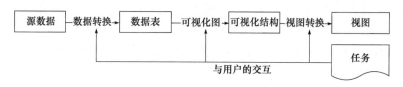

图 2-23　Card 等的信息可视化模型

从源数据到最终的视图，要经历一系列变换，即图中从左到右的箭头。从任务到每个变换，即图中从右到左的箭头，表明用户对这些变换的参数进行调整，如改变变换的属性、将视图约束到特定范围等。

信息可视化要解决的主要问题就是上述参考模型中的映射、变换及交互控制。

2. 信息可视化的类型

信息可视化按数据类型可以分为以下类型：时空数据可视化、层次与网络结构化数据可视化、文本和跨媒体数据可视化、多维数据可视化。

1) 时空数据可视化

时空数据是指带有时间、空间属性的数据，针对时间、空间数据的可视化，在本章不做阐述，详见第 7 章。

2) 层次与网络结构化数据可视化

层次数据多用来描述物种、组织结构、家庭关系等具有等级或层级关系的对象；而网络数据是指具有网状结构的数据。关于层次与网络结构化数据的可视化详见第 8 章。

3) 文本和跨媒体数据可视化

文本和跨媒体数据的可视化详见第 9 章。

4) 多维数据可视化

对于有三个及以上属性的数据，信息可视化无法给出像一维、二维、三维数据一样的简单可视化图表，因为多维数据的属性多，很难直接映射到二维屏幕上，因此需要更好的可视化技术，如下所示。

(1) 平行坐标系。如图 2-24 所示，使用平行的竖直线来代表维度，竖直线上画出代表该维度数值的点，并用折线把该维度在所有轴上的点连接起来，从而在二维屏幕上展示多维数据。

(2) Radviz 方法。如图 2-25 所示，使用圆形坐标系，圆形的 n 条半径表示 n 维空间，通过引入受力平衡原理、弹簧模型将多维数据对象表示为坐标系内的一个点[8]。

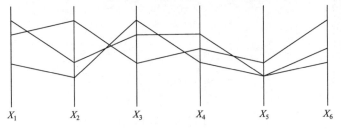
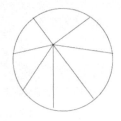

图 2-24　平行坐标系　　　　　　　　　图 2-25　Radviz 方法

(3) 散点图矩阵。如图 2-26 所示，将多维数据的各个维度两两组合后，分别使用散点图进行可视化，并将散点图按顺序排列。

(4) Andrews 曲线法。如图 2-27 所示，使用周期函数，将多维数据映射到曲线上。

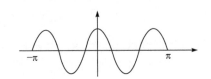

图 2-26　散点图矩阵　　　　　　　　　图 2-27　Andrews 曲线法

(5) 星绘法。如图 2-12 所示，显示为由一点向外辐射的多条线段，线段数量代表数据维度，线段长度代表每一数据项在该维度上的值。

(6) Chernoff 面法。如图 2-10 所示，使用人脸的大小、形状和五官的特征来代表数据维度。

3. 信息可视化与科学可视化的区别

信息可视化与科学可视化的区别如表 2-4 所示。

表 2-4　信息可视化与科学可视化的区别

方法	信息可视化	科学可视化
目标任务	搜索信息中隐藏的模式和信息间的关系	理解、阐明自然界中存在的科学现象
数据类型	没有几何属性的抽象数据	具有几何属性的数据
处理过程	信息获取→知识信息多维显示→知识信息分析与挖掘	数据预处理→映射(构模)→绘制和显示
研究重点	把非空间抽象信息映射为有效的可视化形式	将具有几何属性的科学数据表现在计算机屏幕上
面向用户	非技术人员、普通用户	高层次的、训练有素的专家
应用领域	信息管理、商业、金融等	医学、地质、气象、流体力学等

此外，从图像绘制的角度看，信息可视化的难度小于科学可视化[9]。

2.3.3　可视分析学

可视分析学综合了数据分析、可视化和人机交互等技术，以可视交互界面为通道，如图 2-28 所示。

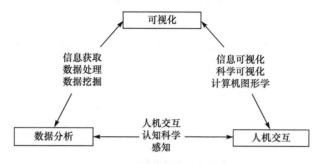

图 2-28　可视分析学的学科交叉

科学可视化处理的对象是具有几何属性的数据，信息可视化处理的对象是抽象数据，而可视化分析学关注的是意会和推理。

1. 可视分析学的研究内容

图 2-29 诠释了可视分析学包含的研究内容。

感知与认知科学研究人的感官意识的重要作用；数据管理和知识表达是数据转化到知识的理论基础；地理分析、信息分析、科学分析、统计分析、知识发现等是可视分析学的核心分析方法；在整个可视化分析过程中，人机交互用于数据转换、模型构建、分析推理和可视化呈现的整个过程；推导出的知识最终需要传播给用户。

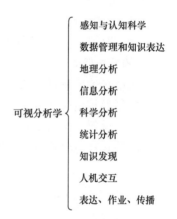

图 2-29　可视分析学的研究内容

2. 可视化分析的流程

如图 2-30 所示，可视化分析的流程是一个从数据到知识再从知识到数据的不断循环的过程[10]。

在可视化分析流程中的核心要素包括以下几个方面。

1) 数据表示与转换

通过数据表示与转换，既能整合不同类型、不同来源的数据，并形成统一的数据表示方式，又能保证数据的原有信息不丢失，此外，还要考虑数据质量问题。

2) 数据的可视化呈现

数据的可视化呈现是指将数据以一种容易理解的方式呈现给用户。

3) 用户交互

需要考虑交互问题，以满足用户的个性化操作需要。

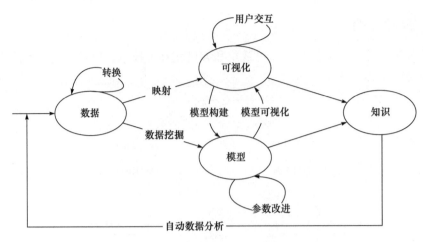

图 2-30　可视化分析的流程

4) 分析推理

分析推理技术是用户获取深度信息的方法，能够直接支持情景评估、计划和决策。在有效的分析时间内，可视化分析能够提高用户判断的质量。可视化分析工具必须能处理不同的分析任务[11]，如以下几类：

(1) 能迅速理解过去和现在的情况，包括发展趋势和已经发生的当前事件；

(2) 能监控当前的事件、突发的警告信号和异常事件；

(3) 能确定一个活动或个人意图的指标；

(4) 能在危急时刻提供决策支持。

2.4　案例分析——南丁格尔的玫瑰图

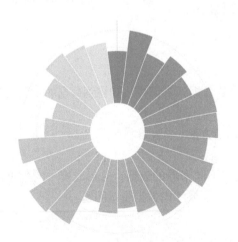

图 2-31　南丁格尔玫瑰图

图片来源：http://antv-2018.alipay.com/zh-cn/vis/chart/rose.html

南丁格尔不仅是现代护理的创始人，也是优秀的卫生统计学家，南丁格尔创造性地使用了玫瑰图来表达军队医院季节性的死亡率，对象是那些不太能理解传统统计报表的公务人员。

1. 南丁格尔玫瑰图简介

在克里米亚战争期间，南丁格尔通过搜集数据，发现很多士兵的死亡原因并非战死沙场，而是因为在战场外感染了疾病，或是在战场上受伤却没有得到适当的护理而致死。南丁格尔通过这种色彩缤纷的玫瑰图，让数据能够给人留下更加深刻的印象，如图 2-31 所示，南丁格尔玫瑰图使用圆弧的半径长短表示数据的大小。

南丁格尔玫瑰图主要有以下两个特点：

(1) 会将数据的比例放大，适合对比大小相近的数值。

(2) 玫瑰图适用于表示带有周期性的数据，如星期、月份。

2. 南丁格尔玫瑰图构成

下面结合图 2-32 与表 2-5 理解玫瑰图的构成。

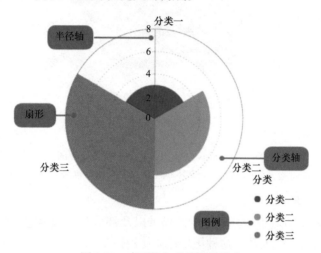

图 2-32　南丁格尔玫瑰图的构成

图片来源：http://antv-2018.alipay.com/zh-cn/vis/chart/rose.html

表 2-5　南丁格尔玫瑰图的构成

图表特点	具体构成
适合的数据	一个分类数据字段、一个连续数据字段
功能	数据到图形的映射
数据到图形的映射	分类数据字段映射为分类轴 分类数据可以设置颜色以增强分类的区分度 连续数据字段映射为分类轴的长度
适合的数据条数	不超过 30 条数据

3. 南丁格尔玫瑰图的应用场景

1) 适合的场景

南丁格尔玫瑰图适用于对比不同分类的大小，如比较各国的制造指数，如图 2-33 所示。

以美国为基准(100)，中国的制造成本指数是 96，即同一款产品，在美国制造成本是 1 美元，那么在中国则需要 0.96 美元，从图中可以看出中国的制造优势已经不是很明显了。

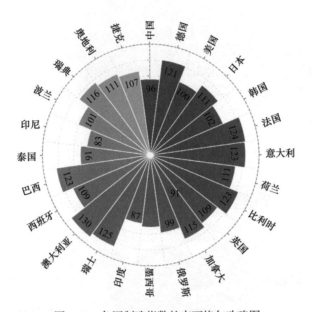

图 2-33　各国制造指数的南丁格尔玫瑰图

图片来源：http://antv-2018.alipay.com/zh-cn/vis/chart/rose.html

2) 不适合的场景

南丁格尔玫瑰图不适用于分类过少的场景以及部分分类数值过小的场景。例如，要展示一个班级男女同学的人数，这种场景建议使用饼状图，如图 2-34 所示。

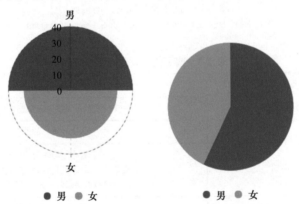

图 2-34　显示男女比例的玫瑰图(左)与饼状图(右)

图片来源：http://antv-2018.alipay.com/zh-cn/vis/chart/rose.html

图 2-35 是使用南丁格尔玫瑰图展示我国部分省区市的人口数据，这种场景下使用玫瑰图不合适，这是因为在玫瑰图中数值过小的分类会非常难以观察。

4. 南丁格尔玫瑰图的扩展

南丁格尔玫瑰图可以扩展为扇形玫瑰图以及层叠玫瑰图。通过设置极坐标的起始角度可以实现扇形南丁格尔玫瑰图。图 2-36 为使用扇形南丁格尔玫瑰图表示的各国的制造指数。

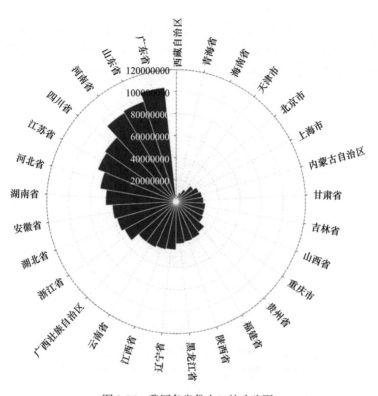

图 2-35　我国各省份人口的玫瑰图

图片来源：http://antv-2018.alipay.com/zh-cn/vis/chart/rose.html

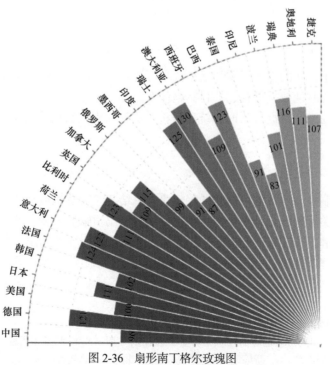

图 2-36　扇形南丁格尔玫瑰图

图片来源：http://antv-2018.alipay.com/zh-cn/vis/chart/rose.html

36

南丁格尔玫瑰图的实现原理是将柱状图在极坐标下绘制，如果将柱状图扩展为层叠柱状图，同样可以实现层叠的玫瑰图。图 2-37 是 2000～2014 年的难民数据，其中大致可分为 refugees(跨越国境的难民)、internally(未跨越国境的境内流离失所者)和 seekers(尚未取得难民身份的寻求庇护者)。

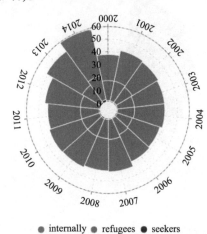

● internally ● refugees ● seekers

图 2-37 2000～2014 年难民数据的层叠玫瑰图

图片来源：http://antv-2018.alipay.com/zh-cn/vis/chart/rose.html

2.5 习题与实践

1. 概念题

(1) 各用一个具体的例子说明什么是科学可视化、信息可视化和可视分析学。

(2) 试总结各时期数据可视化的目标是什么。

(3) 请描述在进行数据分析时，统计分析方法和探索性数据分析这两类方法各有什么侧重点和优势。

2. 操作题

(1) 请自己制作一份数据可视化的编年表，总结各时期数据可视化的发展情况。

(2) 查阅相关资料，总结对数据可视化领域有突出贡献的人物，并与同学交流。

(3) 试使用南丁格尔玫瑰图绘制自己某一个月账单的分类情况(类别分为饮食、服饰、生活日用、教育娱乐、交通通信和其他)。

参 考 文 献

[1] 陈为. 数据可视化[M]. 北京: 电子工业出版社, 2013.

[2] 张军海, 李仁杰, 傅学庆. 地理信息系统原理与实践[M]. 2 版. 北京: 科学出版社, 2015.

[3] 毛赞猷, 朱良, 周占敖, 等. 新编地图学教程[M]. 2 版. 北京: 高等教育出版社, 2008.

[4] 杨尊琦. 大数据导论[M]. 北京: 机械工业出版社, 2018.

[5] Giacobbe F W. How a type Ⅱ supernova explodes[J]. Electronic Journal of Theoretical Physics, 2005, 2(6): 30-38.

[6] 杨彦波, 刘滨, 祁明月. 信息可视化研究综述[J]. 河北科技大学学报, 2014, 35(1): 91-102.

[7] Card S K, Mackinlay J D, Shneiderman B. Readings in Information Visualization: Using Vision to Think[M]. San Francisco: Morgan Kaufmann, 1999.

[8] Kandogan E. Visualizing multi-dimensional clusters, trends, and outliers using star coordinates[C]. Proceedings of the 7th ACM SIGKDD International Conference on Knowledge Discovery and Data Mining, 2001: 107-116.

[9] 宋绍成, 毕强, 杨达. 信息可视化的基本过程与主要研究领域[J]. 情报科学, 2004, 22(1): 13-18.

[10] Keim D A, Mansmann F, Oelke D, et al. Visual Analytics: Combining Automated Discovery with Interactive Visualizations[M]. Berlin: Springer, 2008.

[11] Thomas J J, Cook K A. Illuminating the Path: The Research and Development Agenda for Visual Analytics[M]. Los Alamitors: IEEE Computer Society Press, 2005.

第 3 章 数 据 处 理

数据的处理是大数据可视化分析最不可或缺的步骤。数据处理的意义是从大量的、复杂的、无序的数据中抽取出有价值、有意义的数据，剔除无效的、异常的、偶然的"脏数据"，提高数据的质量，为后续的可视化分析奠定坚实的基础。

在学习了前两章关于大数据和可视化的基础概念及发展后，本章将从数据的概念、数据预处理、数据存储和数据分析四个方面展开详细说明。

3.1 数 据

数据不仅仅指数值数据，它具备多样的形态，若想把数据可视化，就需要理解不同形式数据所要表达的含义。数据是基本的信息模块，可以通过各种组织形式传递信息。数据可视化的核心就是数据和它所代表的事物之间的关联，本节将对数据的基本内容进行详细说明。

3.1.1 数据的含义

数据(data)的意义在不同的领域具有差异，在计算机领域中，数据是指可以甄别的、对非主观事物的属性形态以及事物之间的联系等进行记录的物理符号及其组合；而在数据科学中，数据是指各种符号(如字符、数字等)的组合、语音、图形、图像、动画、视频、多媒体和富媒体等[1]。例如，"东、南、西、北"、"阴、雨、雪、多云"、"客户的档案记录"、"学生的考试成绩"等都是数据，数据经过加工后它们就成为信息。例如，表 3-1 为国家统计局 2015～2019 年对我国人口总数和男性、女性人口数进行调查的统计数据，通过对统计数据的对比可以得出"我国总人口数正在不断增长，男性人口数多于女性人口数"的结论，此结论是对数据进行整理后总结得到的信息。

表 3-1 我国人口总数和男性、女性人口数统计数据表(单位：万人)

指标	2015 年	2016 年	2017 年	2018 年	2019 年
年末总人口	137462	138271	139008	139538	140005
男性人口	70414	70815	71137	71351	71527
女性人口	67048	67456	67871	68187	68478

数据来源：中华人民共和国国家统计局网站 https://data.stats.gov.cn/easyquery.htm?cn=C01(指标→人口→总人口)。

3.1.2 可视化数据类型及特点

依照结构化程度，可视化数据可以分为以下三种类型：结构化数据、半结构化数据以及非结构化数据。数据的结构化程度的不同直接影响着数据处理方法的选择。依照结构化程度划分的数据类型如表 3-2 所示。

表 3-2 数据类型表(以结构化程度分类)

类型	性质	举例
结构化数据	先有结构，后有数据	医院信息系统数据库中的数据等
半结构化数据	数据结构附着于数据	XML、HTML 文档等
非结构化数据	数据结构不规则、不完整或难以发现的数据	图像、音频、视频信息等

注：XML 指可扩展标记语言，HTML 指超文本标记语言。

(1) 结构化数据。凭借"先建立结构，后填充数据"的概念产生的数据，严格遵循数据类型以及长度标准的要求，并且主要通过传统的关系型数据库对其进行挖掘、提取、分析、管理以及存储等一系列操作。在关系型数据库中，需要先定义数据结构(如表结构、字段的定义、完整性约束条件等)，然后严格按照预先定义好的结构对数据进行挖掘、提取、分析、管理以及存储。当数据与预先定义好的数据结构不能达成一致时，则需要依据数据结构对数据进行对应的转换处理等操作[1]。

(2) 半结构化数据。数据结构依附于数据自身是这种类型数据的主要特征，并且此类数据处在完全结构化数据与完全非结构化数据两者之间。例如，HTML 文档就属于半结构化数据，其数据的结构与内容耦合度较高，不能进行明显的区分，通常需要进行转换处理后才可发现其结构，并且相比于结构化数据，半结构化数据灵活性更高，更能满足不同的应用要求。

(3) 非结构化数据。与结构化数据完全不同的是，非结构化数据的数据结构十分混乱且毫无规律，即在并未定义数据结构的情况下或并未能按照预定义数据结构进行挖掘、提取、分析、管理以及存储的数据[2]。非结构化数据包括所有格式的办公文档、文本、图片、各类报表、图像和音频/视频信息等。

截至目前，占据数据总量比例最大的是非结构化数据，并且随着信息技术的飞速发展，非结构化数据的数量仍在不断增加。因此，非结构化数据是数据科学中重要的研究对象之一，也是区别于传统数据管理的主要方面之一[1]。

按任务分类可将数据分为以下七种类型[2]，基本数据类型包括一维数据、二维数据、三维数据和多维数据，除此之外还有时态数据、树状数据和网状数据。

(1) 一维数据。一维数据包括文本文档、从大到小排序的某类数值等可以按顺序方式直观地组织呈现的数据，如线性数据。

(2) 二维数据。二维数据包括地理数据、平面布置图、坐标图等平面数据。图 3-1 为一个小型会议室的平面布置图，它是一个二维数据。

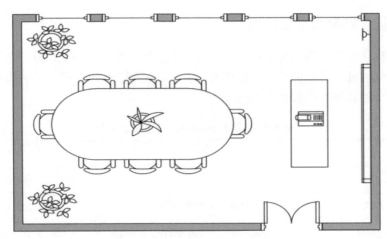

图 3-1　小型会议室平面布置图

(3) 三维数据。现实世界的对象，如人体、某个加工零件或建筑物。通常通过构建计算机辅助的医学影像、建筑制图、化学结构建模等三维立体图来处理这些复杂的三维关系。

(4) 其他类型数据。具有一定结构的多维数据、时态数据、树状数据和网状数据 (图 3-2)。

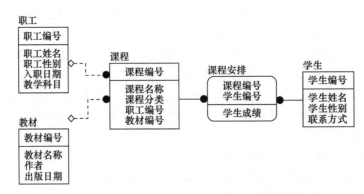

图 3-2　关于课程安排的实体-关系图(网状数据模型)

3.1.3　数据对象及属性

　　数据对象(data object)是对数据内容抽象出具有一定代表意义的特征后，将这些特征与数据内容封装后得到的更高层次的数据集，如"书"、"人"或者"学生"，以上三个数据对象分别可以用一组属性进行描述。

　　属性(property)是一个对象的性质或特征，可以是符号属性(离散数据)，例如，一个人的姓名、性别或者一本书的书名、作者、类型等；也可以是数值属性(连续数据)，如一个人的身高、体重，一本书的价格、尺寸等。如图 3-3 所示，体检图通过患者的身高、心率、血压等身体属性表示"患者"这个数据对象。

身高	___厘米	体重	___公斤	血压	_____mmHg
内科	病史				
	心脏	心脏杂音	心率_____次/分_____律		
	肺		腹部		
	肝		神经系统		
	脾		其他		
	建议		医师签字		

图 3-3　内科体检图

3.2　数据预处理

数据分析需要收集大量的数据，由于数据来源的复杂性，这些数据可能存在不完整、不符合标准、分散杂乱的情况。为了提高数据质量使数据分析更加准确，通常需要耗费较多的时间与精力进行数据预处理。数据预处理主要包括清理数据集中的"垃圾"数据，并将数据按照一定规范进行集成和转换。本节详细介绍数据质量，以及数据清理、数据集成和数据变换的目的及操作。

3.2.1　数据质量

随着数据的不断积累，数据质量问题出现在数据分析者的眼前，劣质杂乱信息的积累将会造成"数据丰富，信息匮乏"的局面。保证数据的可靠性及高质量是决定可视化准确性的关键。本节对影响数据质量的有效性、精确性、完整性、一致性、时效性、可信性等六个方面展开详细描述[3]。

1. 有效性

数据有效性是指集合中的数据能够按照一定的格式进行存储。格式是描述数据如何存储在文件或者记录中的一种规则，主要表现在：
(1) 保证记录所有应该收集的数据信息；
(2) 提升存储效率，确保存储空间能够得到充分的利用；
(3) 格式标准化，确保相关数据处理系统之间的数据交换。

2. 精确性

数据精确性要求比较集中的数据能做到既精密又准确，它区别于粗略数据、统计数据，并且基本不会出现误差。数据精确性主要考察了信息系统中任意一个有意义的数据是否具备准确体现所描述现象每一细节的能力。数据精确性主要表现在：

(1) 内容精确性。内容精确性是指是否存在数据记录或输入过程中出现了错误造成数据异常的现象以及该异常内容的存在程度，如输入值非法、数据类型错误、属性依赖关系错误、与实际发生业务不符等问题以及这些问题的严重程度。

(2) 粒度精确性。粒度精确性主要依据属性的自身特点、细化程度等进行划分，即检验数据字段取值范围的精确程度。

(3) 计算精确性。计算精确性主要是指字段值的精度是否符合实际规范，例如，某些运算通常伴随着因为无法精确表示而进行的近似或舍入。

3. 完整性

数据完整性是指数据集合中包含的数据具备综合以及全面的性质，能够对物理客观世界全方位地展开描述以支持各种可视化分析、关联计算以及决策支持等实际应用。例如，某药厂的药品数据库一直保存完好，但由于实验室数据完整性方面的不足，存在着记录不及时或因系统适应性实验失败造成的无效数据未被记录以及未进行报告即被删除等现象。这些暴露出的药厂数据不足问题，则会给将要进行的药品申请带来严重的后果。数据完整性主要体现在以下三个方面：

(1) 属性完整性。属性完整性是指实体属性的完整程度，一个实体一般会包含很多具体实例，而将这些实例统一为实体后，需要为这些实例提供一种可以唯一确定和标识实例的方法。在实体-关系图中，主要通过为每个实例指定一个属性或者多个属性组合的方法来确定这些实例的唯一性，即该属性组合是否能对这些实例进行全方位、多角度的描述。

(2) 内容完整性。内容完整性是指表内的信息记录、属性值等是否存在内容缺失现象以及缺失的严重与否，是评估内容完整性的重要指标，例如，某数据表内缺失一位单身人士配偶的姓名。

(3) 关系完整性。关系完整性主要是指数据表之间关系的约束依赖程度，关系完整性通常包括域完整性、实体完整性、参照完整性和用户定义完整性。

4. 一致性

数据一致性是指在数据集合中存储或使用的每个信息都不包含语义上的错误或相互矛盾的数据，例如，数据(区号="021"，城市="北京")就含有一致性错误，因为"021"是上海区号而非北京区号。数据一致性主要用来评估单个数据集合内或者多个数据集合之间关于同一实体的不同方面是否一致。数据一致性主要体现在以下三个方面：

(1) 概念一致性，即数据记录和实际客观事物的一致程度。

(2) 格式一致性，即数据关系、数据类型格式的统一程度。

(3) 内容一致性，即数据集合之间关于同一实体的属性具体字段值的一致程度。

5. 时效性

数据时效性主要是指数据集合中的数据在不同时间段内可利用的及时程度和使用效率。数据的数值会随着时间增长不断发生新的变化，导致同一数据的性质在不同的时间段内产生巨大的差异，因此时效性在很大程度上影响着数据的可用性。在特定的应用下，过时数据的有效性将大幅减弱。数据时效性主要可用数据新鲜度、衰败度、及时可用性这三个指标进行评价。

6. 可信性

数据可信性主要反映数据集合中有多少数据是可信赖的数据。数据可信性的各个度量指标并非孤立存在的，而是与数据质量的其他属性存在着某些关联关系，只有当某个数据集合能够同时满足上述 5 个属性时才称该数据集合具备可信性。

3.2.2 数据清理

数据分析需要采集的数据往往来自各种各样的数据集合，因此这些从不同的信息系统中抽取的数据会产生错误和冲突，这些对数据分析没有必要意义的数据统称为"脏数据"。数据清理从字面上的意思来看就是按照一定的规则将不需要的数据剔除，清除"脏数据"。根据数据清理的操作进行定义，数据清理指填补缺失字段、光滑噪声数据、鉴别异常数据、剔除偶然数据以及修正不一致数据的过程。数据清理所要达到的目标是清除异常、纠正错误，为数据集成提供标准化的数据。如表 3-3 所示，概括说明四种"脏数据"类型及其清理方法。

表 3-3 "脏数据"类型及其清理方法表

类型	清理方法
缺失数据	删除缺失记录、填补缺失信息
重复数据	删除重复记录、修改合并字段
噪声数据	使用数据平滑技术
异常数据	判断是否为正常值，修正数据

1. 处理缺失数据

若信息数据量非常庞大并且遗漏属性值的实例记录的数量远小于信息表所包含的记录数，此时缺失数据的实例对信息影响微弱甚至无影响，可以采取将空缺遗漏的属性值的实例记录删除的方法。除此之外，还可以采取人工方式填补空缺、将空缺(遗漏)属性值作为一种特殊的属性值、采用统计学原理进行估计补充的方法来填补缺失。

2. 处理重复数据

重复数据主要包括两种情况，即属性冗余或者属性数据冗余。属性冗余是指某属性可以从数据库其他字段中提取，如"年龄"字段可以从"生日"字段中提取；属性数据冗余，如某属性的部分足以反映该问题的信息，可以通过修改合并属性字段和删除重复属性数据来处理。

3. 处理噪声数据

噪声是指测量变量中的偏离期望值的错误数据、虚假数据或异常数据。目前最普遍被认可的处理噪声数据的技术是数据平滑技术，主要包括分箱技术、聚类技术、回归函数和时间序列分析修正、计算机检测人工判断。

4. 处理异常数据

异常点不同于噪声，造成异常点的原因通常是数据具有的可变性，当检测出的异常点被判断为正常值时，往往会出现隐含的重要信息[4]。根据不同的数据类型可以采用针对性的方法对异常数据进行处理：针对时间序列数据，采取基于移动窗口理论等方法；针对空间数据，采取基于移动曲面拟合的方法；针对多维数据，采取聚类分析法实现对异常点的检测。

3.2.3　数据集成

数据集成是指将来自不同数据源中的经过数据清理的同一主题的数据进行归并后放置到一个数据存储中的过程。数据集成的基本类型包括内容集成和结构集成。

数据集成主要考虑以下三个基本问题。

1. 实体识别

实体识别涉及的问题主要是来自许多不同信息源的物理客观世界的等价实体如何进行"匹配"，如何识别文本中具备特殊含义的实体。例如，在一个企业的不同数据源中对用户 ID 的表达存在不同形式，那么在进行数据集成之前，需要先对这些不同的形式进行识别整合。

2. 数据冗余

与数据清理中的数据冗余类似，如果一个属性被包含在其他属性中或者可以由其他属性推导而来，那么这个属性便是冗余属性，即称为数据属性冗余。区别在于数据集成中的数据冗余的对象是两个或多个不同的数据表，例如，学生表中的"在校学生总人数"属性并不需要保留，显然它可以由在校男学生人数属性与在校女学生人数属性推导出来。

3. 数据冲突检测与处理

来自不同数据源的某种属性或约束存在冲突，导致数据集成无法进行。例如，同样是价格属性，但不同的地点会采用不同的货币单位，导致无法将交易记录进行数据集成。

3.2.4　数据变换

数据变换是使用线性或非线性的数学变换方法将多维度的数据压缩成低维度的数据，清除它们在时间、空间、属性及精度等特征体现方面的差别。

常见的数据变换方法有以下两种：

(1) 数据标准化。数据标准化是将特征(属性)值按一定比例缩放后映射到规定的区间 [0, 1]，常用的数据标准化方法有最大最小标准化、Z-score 标准化和小数定标法。

(2) 数据泛化。数据泛化包括数据概化和数据离散化，数据概化是指用高层次的概念代换低层次的概念以降低数据复杂度，将数值类型的属性值用标签或概念标签表现等；数据离散化包括等宽离散化、等频离散化。

3.3　数据存储

数据预处理完成之后，下一步操作便是数据存储。大数据来源较为特殊，因此具备了数据多样性的特点。在传统数据库中的数据均为结构化数据，格式具有一定的整齐性与规则性，而大数据来源于移动通信数据、交易数据等通过各种不同渠道收集到的大量数据，这些数据更多的是半结构化以及非结构化数据。因此，如何保证高效地保存海量数据是数据存储需要面临的首要问题。

3.3.1　大数据存储需求

在大数据时代，数据具有高速、多种类、大规模的特征，在大量的数据背景下，数据容量已经超过了存储空间，这对如何有效地进行数据管理产生了很大的挑战。如何优化数据存储是人们面临的主要问题。对于各种数据存储方式，其需求包括海量存储容量、高性能、安全性、高可用性、可扩展性、可管理性和成本控制。本节主要介绍安全性、高性能、高可扩展性和成本控制。

1. 安全性

对于被称为信息时代的当下，数据早就成为某种不可或缺的生产要素，就像资本、劳动力以及土地等其余的要素一样，身为一种广泛的需要，它再也不仅仅被限定于某些特定场景的运用之中。目前各个行业的公司都在对数据进行搜集，并尝试运用这些数据进行战略决策分析。且若想对大数据进行分析往往需要各种不同类型的数据相互引用，但在以前这种数据联合读取的情况简直闻所未闻，因而在大数据应用技术日趋复杂化的同时，一些棘手的、需要思考并解决的安全性问题也随之出现。此外，随着大数据云存储技术的日益完善和广泛传播，极有可能增加信息泄露的风险，由此带来的数据安全问题更应该引起重视。

2. 高性能

在衡量大数据存储性能时，吞吐量、延时和 IOPS(每秒的输入输出量)是其中一些较为重要的指标[2]。对于某些实时事务分析系统，存储的响应速度是十分重要的；而在实施使用大数据的其他场景中，最紧要的影响因素则有可能是每秒处理的事务数。大数据存储系统的设计往往需要在海量存储容量、高可扩展性、高可用性以及高性能等需求间做出一个正确决策。

3. 高可扩展性

由于目前企业所拥有的大数据存储能力已经无法满足对大数据存储容量的需求，因此对大数据存储来说目前最刻不容缓的需求便是加快对存储容量的扩展。在过去有许多企业一般以五年为一个周期进行信息化系统的规划以提升企业整体协作能力。而现在企业需要在数据存储方面制定存储数据量级增长战略决策，以确保能够从数据中获得更高的价值来帮助业务取得更佳的成效。而目前提升存储效率最主要最具成效的技术手段就是存储虚拟化。现阶段的存储虚拟化在应用过程中为存储系统提供了自动精简配置、快照和克隆等技术，能够帮助企业逐步提升核心竞争力，满足企业可持续发展的需要。

4. 成本控制

"大"，从另一方面来说也意味着价格昂贵。对于目前正处于大数据环境的某些公司，如何进行合理的成本管制是必须要考虑的重要前提。合理管制成本代表着在适当降低价格高昂的部件使用率的同时，还能让剩余的设备都变得更加高效。现如今，像重复数据删除和压缩技术等可实现数据缩减的关键技术已经占据了主流存储市场，除此之外还能够支持系统对更多不同的数据类型进行处理，这些都可以帮助大数据存储应用实现存储容量缩减的目的，并最大限度利用已有资源来提高数据存储效率。在数据量持续增加的过程中，即使只减少了几个百分点的空间存储消耗，都能够确保获得可观的投资收入。而且许多大数据存储系统都包含归档组件，特别是对于需要分析历史数据或需要长时间存储数据的企业，归档设备更是不可或缺[5]。除了这些，硬件设备也对合理管制成本造成了很大的影响。所以，很多初次涉足大数据存储领域的企业以及那些产业规模十分庞大的企业都会选择对自己的"硬件平台"采取定制的方式而不是直接使用现有的存储产品，这一方案可以用于在业务开展期间平衡自身的成本管制策略。为了满足当下市场的需求，越来越多的厂商更愿意提供软件定义存储产品，以便于企业在现有的硬件设施上直接安装。另外，某些企业还可以提供以软件为核心的软硬一体化解决方案，或是通过与硬件供应商合作，推出新型协作产品。

3.3.2　分布式存储

分布式存储是一种支持将数据分散存储在多台独立的设备上的数据存储技术，如图 3-4 所示，这些分散的存储设备通过技术处理构建成一个虚拟的总存储设备。当需要调用分布式存储中的数据时，系统通过网络从各个设备调取数据，最常见的应用分布式数据存储的新兴技术是区块链技术。分布式存储技术由于其强大的优化存储空间优势被广泛应用在大数据管理中，有效地实现空间的节省，减少资源的占用。

说到分布式系统就不得不提到传统存储系统，传统网络存储系统的存储服务器集中存放了系统的全部数据，每个存储服务器的读/写性能限制了整个系统的性能，同时，集中数据的存储服务器也是整个系统中稳定性和安全性的重点，种种限制导致传统的存储模式无法满足大数据存储的需求。

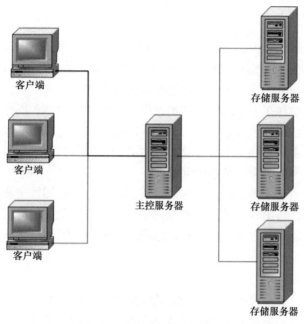

图 3-4 分布式网络存储模型

　　而分布式网络存储系统对比于传统存储系统最大的优势在于分布式网络存储系统采用多服务器的系统构造，服务器的数量可以根据实际进行调整，存储的任务由这些服务器共同分担，整个分布式网络存储系统既拥有了高可扩展性，又具备了高稳定性，提高了存取效率。

　　在分布式存储中需要考虑的性能影响因素包括三点：一致性(consistency)、可用性(availability)以及分区容错性(partition tolerance)。

1. 一致性

　　分布式存储中一致性是指系统中所有服务器的数据完全一致。由于整个系统保存的数据分散存储在多个服务器上，为了保证系统在某一个或多个服务器出现问题的情况下仍然可以正常调取数据，分布式存储技术把一份数据复制成多份分别保存在多个服务器中，即每份数据并不是唯一保存在一台服务器上，如此，当存储过程中出现故障或者并行操作等情况时，每个服务器中的同一个数据的多个副本之间容易产生不统一的问题，这种不一致会造成系统出现数据过时的差错。

2. 可用性

　　分布式存储系统在保存数据时需要多台服务器共同完成，当系统内的服务器数量不断增加时，某一个或多个服务器出现错误的可能性也会相应提高。分布式存储中的可用性是指在系统中的某部分节点出现小面积故障的情况下，系统作为一个整体仍然可以正常响应客户端发出的读/写请求，正常运作。

3. 分区容错性

分区容错性是指当一个连通的网络因为故障导致部分服务器出现了问题无法及时响应系统的要求时，根据分布式存储技术的特点，其他服务器仍然可以提供服务配合响应，系统在满足一致性和可用性的基础上依然可以正常工作。

这三个影响因素存在一定的制衡规则，即 CAP 原则。CAP 原则是指在分布式系统中，一致性、可用性和分区容错性这三种影响因素不能同时获得满足，尤其是一致性和可用性，这两个因素从某些方面考虑是相互对立的，因此如何根据数据的内容选择合适的分布式存储规模是值得企业考虑的问题。

分布式存储应当有效地缓解由于网络环境波动和不可预知性造成的不良影响。提高自身容错率的同时，将出现的故障清晰地向用户展示，据此提供高可靠性的文件服务。除此之外，考虑系统中包含大量的数据，系统还应拥有自维护、自恢复的功能。

3.3.3　云存储

云存储(cloud storage)提供的是便捷的存储服务功能，如图 3-5 所示，用户通过网络将本地数据上传至云服务提供商的公共或私有的存储空间"云端"，而不是在企业内创建自己的数据存储基础设施，当用户需要存储数据时，仅仅需要向云服务提供商申请存储业务便可获得存储空间，极大地减少了购买软硬件基础设施的成本和人员维护的人工成本。目前，Google、Microsoft 等大型云服务提供商都结合 NoSQL 技术，实现了海量栅格数据云存储并提供了自有的地图服务产品[6]。

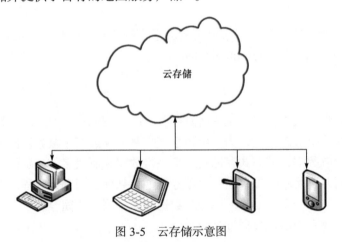

图 3-5　云存储示意图

云存储以面向对象分类可分为公有云、私有云和混合云。

1. 公有云

公有云通常指第三方存储服务提供商提供的，外部用户通过互联网访问服务的存储服务方式。公有云用户保存在云上的资源是可以共享的，数据存储的安全性较低，但因其提供可共享云计算资源且成本低廉(部分公有云产品可以供用户免费使用)，公有云仍吸引了大量用户。

2. 私有云

私有云是用户将数据存储在云服务提供商为其构建的独立存储空间的存储服务方式，云服务提供商根据用户的个性化要求提供服务，因此在服务的质量上有了更精准的把控。私有云中的数据资源是用户专有的，存储空间拥有高安全性和私密性的保障。私有云可以部署在企业的数据存储基础设施的防火墙内，或者部署在一个安全的主机托管场所(互联网数据中心(internet data center, IDC)机房)[7]。

3. 混合云

混合云是公有云和私有云两种服务方式的结合，是近年来云存储的主要发展方向。如今的企业既想要拥有数据安全的保障，同时又希望可以使用公有的计算资源，混合云的出现可以很好地解决这一问题。混合云可以根据个性化需求将公有云和私有云进行混合分配，从而形成最适合企业数据存储的解决方案，达到安全且利益最大化的目的。虽然混合云因其较高的复杂性和较大的受攻击面存在一些安全问题，但是相较于公有云和私有云，部署混合云仍是防御安全风险最有效的方式之一[8]。

云存储方式存在以下优点：

(1) 成本低廉、方式灵活。传统的购买存储基础设施来进行数据存储的方式下，购买硬件设备、搭建平台会产生大量的人力、物力消耗，在软件设计开发完成后，若企业中的业务发生变动，需求极大可能会随之产生变动，此时便需要对软件进行修改或重制，这样不仅造成了重复投资，增加了不必要的费用支出，还会对企业的信息化造成延误。

在云存储方式下，企业只需要配置用于接收的终端设备，不再需要投入额外的资金来搭建和维护平台，按照客户数、使用时间、服务项目等需求租用云服务提供商提供的部分服务，降低了一次性投资风险的同时也降低了存储数据服务整体的成本。企业对于选定的服务可以立即投入使用，方便又快捷，真正做到了"按需使用"。

(2) 易于管理。不同于传统的数据存储模式，云存储平台的维护与更新都不需要企业雇佣专业人员进行处理，云存储中系统的维护与更新等操作全部由云服务提供商实现，企业可以用低廉的成本换得云服务提供商最新、最全面的服务，大大减少了企业内技术人员管理与使用产生的成本。

3.4　数 据 分 析

数据分析是数据处理中不可或缺的一个核心步骤，它的目的是对整合后的数据进行信息提取，以便帮助人们做出决策与判断。数据分析包括狭义的数据分析和数据挖掘，本节从数据挖掘方面进行详细介绍。

3.4.1　数据挖掘

1. 数据挖掘的含义

数据挖掘是指从大量的数据中通过算法提取有价值的信息或知识的过程，即"从数据中挖掘信息"，形象过程如图 3-6 所示。但就像从沙土中挖掘黄金则将其命名为黄金挖掘，而不是沙土挖掘一样，数据挖掘更正确的命名应为"知识挖掘"，但该名称不能反映从大量数据中挖掘；并且挖掘是一个十分形象的概念，主要突出了从大量的原材料中发现少量珍贵"黄金"这一过程的特征[9]，由此"数据挖掘"成为广为人知的命名。

图 3-6　数据挖掘：在数据中搜索知识(有趣的模式)[9]

数据挖掘并非一个全新的、陌生的研究方向，而是通过协同的方式综合了不同种类的学科知识基础，包括统计学、人工智能、机器学习、管理科学、信息系统以及数据库等[10]。数据挖掘通过综合运用这些相关知识，实现了从海量的存储数据中提取有用信息及知识的过程。数据挖掘与多学科之间的关系如图 3-7 所示。

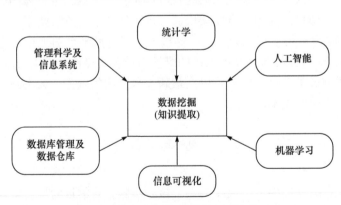

图 3-7　数据挖掘与多学科之间的关系

2. 数据挖掘的任务

数据挖掘的任务一般可以分为三组：分类与预测、聚类分析及关联分析[11]。

1) 分类与预测

分类是从数据中选择已分好类的数据子集作为训练数据集，并通过有指导的学习去构建一个分类模型，再根据此分类模型对其余未知分类的数据进行分类。分类的过程实际上是按照已有分类标准对未分类数据进行属性预测的过程。

例如，商店在评估商品受欢迎程度时，可基于商品的历史销售记录，并结合气候、竞争产品、节日等影响因素建立一个分类模型，然后对商品未来销售趋势根据此分类模型进行预测，估计该商品销量能否上涨，以此决定是否增加该商品数量。构造分类器的常用方法主要包括分类(if-then)规则、决策树、贝叶斯方法、神经网络和遗传算法等。

2) 聚类分析

聚类分析是指将不同的数据分别聚集成几个簇(聚类)，使得在同一个聚类之中的数据集合之间能够达到最大限度的相似，在不同聚类中的数据集合能够达到最大限度的相异。例如，某电商网站管理人员可以根据具有相似浏览行为这一特征将客户分组聚类出几个不同的客户群体，并分析各种客户群体的共同特征，从而帮助电商网站管理人员更好地了解客户，向客户提供更合适的服务。

而聚类与分类的不同之处主要在于聚类分析更像是一种探索性的分析，在进行聚类分析时所要求划分的类是未知的，因此聚类分析通常可以作为其他算法的预处理步骤。常用的聚类分析算法包括划分法、层次法、基于密度的方法、基于网格的方法以及基于模型的方法等。

3) 关联分析

关联分析是指在数据集合中，查找数据属性取值之间存在着的某种规律或关联。数据关联是数据集合或其他信息载体中一类十分重要的情况，主要反馈了事件之间存在的依赖或与事件相关的一些隐含规则。

关联分析的一个典型案例是"尿布与啤酒"的故事。沃尔玛超市管理人员将啤酒和尿布两样看上去毫无关联的商品摆放在同一片区域进行销售,并获得了良好的销售效益,这种现象产生的原因主要和商品之间的关联性有关。

关联可根据分类规则分为三类：简单关联、时序关联、因果关联。在关联分析中最关键的步骤是关联规则的挖掘研究，关联规则挖掘的目的是找出一个数据集合中各个数据之间的相互依存性及关联性。常用的关联分析方法包括 Apriori 算法、FP-growth 算法等。

3.4.2 经典算法

数据挖掘算法是根据数据创建数据挖掘模型的一组探索法和计算法得来的，为了创建模型，算法分析提供的数据并查找特定类型的模式和趋势。本节将详细介绍数据挖掘中的十大经典算法：C4.5 算法、K-means 算法、支持向量机(support vector machines, SVM)、Apriori 算法、最大期望(EM)算法、PageRank 算法、AdaBoost 算法、K 最近邻(K-nearest neighbor, KNN)算法、朴素贝叶斯算法和分类回归树(classification and regression tree, CART)算法[12]。

1. C4.5 算法

C4.5 算法是机器学习算法中一个经典的分类决策树算法，它是决策树核心算法 ID3 算法的优化和拓展，该算法继承了 ID3 算法中"信息熵"的概念。与 ID3 算法不同的是，C4.5 算法可以处理连续型数据，并且它使用了信息增益率(gain ratio)来划分属性，解决了 ID3 算法中通过信息增益(info-gain)划分属性使得算法对分裂属性的选择倾向于拥有多个属性值的属性的问题。

2. K-means 算法

K-means 算法是一个通过迭代操作求最终解的聚类算法，属于机器学习中的无监督学习算法，其优点在于便于实现、算法简略易懂，缺点主要有两点：①K-means 算法的迭代操作常以获得局部最优结束，在一些情况下算法对"噪声"和异常值很敏感；②算法需要事先确定聚类中心个数 K 值，但是大多数数据集的 K 值难以预估。

为克服局部最优的缺点，发展出了二分 K-means 的解决方案。

3. 支持向量机

在机器学习领域，"机"的意思主要表示算法，如二维平面中的二维向量(x, y)；"支持向量"则代表数据集中某些最靠近划分直线的特殊的点。支持向量机是一种监督式学习算法，与逻辑回归和神经网络相比，支持向量机在学习烦琐的非线性方程时方式更加清晰、更加强大，因此它被普遍应用在统计分类和回归分析等计算领域中。

4. Apriori 算法

Apriori 算法是利用频繁项集挖掘关联规则的一种基本的关联分析算法。算法的评估标准有两个，分别是支持度和置信度，其中，支持度是指频繁项集中的前后两项数据在总数据集中一起出现的频数占数据集中数据总数的比例；置信度是指前一项数据出现的情况下，后一项与之关联的数据出现的条件概率。Apriori 算法常应用于分析顾客购买行为等发现事物关联规则的分析问题。

5. 最大期望算法

最大期望算法起源于统计学的误差分析，是在依赖于无法观察测量的隐藏变量的概率模型中寻找参数最大似然估计的迭代优化算法。该算法简单稳定，广泛应用于处理无法通过观察测量而获得的缺失数据，但是迭代速度慢、次数多，容易陷入局部最优。

6. PageRank 算法

PageRank，又称网页排名，是 Google 算法的核心。PageRank 算法的操作可以大致概括为，当用户浏览页面时点击被链接页 A 的链接进入链接页 B 时相当于 A 页对 B 页的一次投票，B 页获得的投票数越多排名越靠前，通过投票数排名可以体现出页面之间的关联性和重要性。

7. AdaBoost 算法

AdaBoost 算法是一种通过固定规则更改数据的概率分布来实现的迭代提升算法。在构造弱分类器时，若当前样本已经被正确地划分类型，则在训练之后的数据集时，它的权值就会被相应减小，反之数据集的权值增大。如此重复，将修改过权值的新数据集送给下层分类器进行训练的操作可以得到不同的弱分类器，根据分类误差率的大小赋予弱分类器不同的权重进行整合(误差率越小的弱分类器权重越大)，形成最终的强分类器。

8. KNN 算法

KNN 算法是最简易的机器学习算法之一，该算法的核心思想是通过测量不同特征值之间的距离对它们进行归纳分类，事先通过交叉验证法获得参数 K 值，如果某个样本数据的 K 个最邻近的样本中的大部分属于某一个分类，那么该样本也属于这个分类。

9. 朴素贝叶斯算法

朴素贝叶斯算法起源于数学学科中的贝叶斯定理：$P(A|B)=P(A)P(B|A)/P(B)$，数学的基础使得该模型在实际应用中具有稳定的分类效率。其中朴素是指对于模型中各个特征有强独立性的假设，即模型中的各个特征是互相独立即互相之间没有影响的，因此在特征数量较多或者特征之间相关度强时，朴素贝叶斯模型比决策树模型的分类效果略差；而在特征相关度较弱时，朴素贝叶斯模型可以达到更好的应用效果。

10. CART 算法

CART 算法是基于决策树的算法，主要操作步骤有两个，分别是树的生成和树的剪枝。当决策树用于分类时称为分类树，用于回归时称为回归树。分类树的核心思想主要是以特征及对应特征值组成元组为切分点，逐步切分样本空间，其输出的是样本的标类，是一个离散值；回归树的核心思想是将样本空间精细地划分成许多子空间，在子空间中样本输出的是连续值的平均数值，是一个连续型特征属性。

3.5 习题与实践

1. 概念题

(1) 可从哪些方面对数据质量进行评估？

(2) 数据集成的基本问题有哪些？并举例说明。

(3) 公有云、私有云、混合云之间的联系与区别有哪些？

2. 操作题

(1) 制作数据预处理流程图。

(2) 选择一种数据挖掘算法，通过 Python 软件实现数据分析，并总结该算法的优缺点(参考资料 https://blog.csdn.net/zy_blanche/article/details/70312773)。

参 考 文 献

[1] 朝乐门. 数据科学[M]. 北京: 清华大学出版社, 2016.

[2] 周苏, 王文. 大数据导论[M]. 北京: 清华大学出版社, 2016

[3] 李敬华, 李倩茹, 袁春霞. 数据可用性基本问题研究[J]. 电信快报, 2018, (10): 43-46.

[4] 谭磊. 大数据挖掘[M]. 北京: 电子工业出版社, 2013.

[5] 机房 360. 大数据时代存储所面对的问题[EB/OL]. http://www.jifang360.com/news/2012620/n63283 7444. html[2012-6-20].

[6] 陈崇成, 林剑峰, 吴小竹, 等. 基于 NoSQL 的海量空间数据云存储与服务方法[J]. 地球信息科学学报, 2013, 15(2): 166-174.

[7] SsunTtaoaut. 企业上云必须先了解, 三种云的区别: 公有云、私有云、混合云[EB/OL]. https://blog.csdn. net/qq_30006749/article/details/100404240[2019-9-3].

[8] 娄翔. 什么是混合云? [EB/OL]. https://baijiahao.baidu.com/s?id=1627078903088947327&wfr=spider& for=pc[2019-3-4].

[9] Han J. 数据挖掘: 概念与技术[M]. 3 版. 范明, 孟小峰, 译. 北京: 机械工业出版社, 2012.

[10] Delen D. 大数据掘金: 挖掘商业世界中的数据价值[M]. 丁晓松, 宋冰玉, 译. 北京: 中国人民大学出版社, 2016.

[11] 陈为, 张嵩, 鲁爱东. 数据可视化的基本原理与方法[M]. 北京: 科学出版社, 2013.

[12] chamie. 数据挖掘十大经典算法[EB/OL]. https://www.cnblogs.com/chamie/p/4678409.html[2015-7-26].

第 4 章 视 觉 通 道

视觉通道是将数据属性的值映射为标记的视觉呈现参数，通过视觉通道展现数据属性的定量信息，通过数据属性和视觉参数两者的结合能够更加完整地可视化表达数据信息，从而完成可视化映射。由于各个视觉通道的特性的差异，当可视化结果呈现于用户时，用户获取信息的难度和所需要的时间不尽相同[1]。

人类感知系统在获取周围信息时，存在两种最基本的感知模式。第一种模式感知的信息是对象的本身特征和位置等，对应的视觉通道类型为定性或分类。第二种模式感知的信息是对象的某一属性的取值大小，对应的视觉通道类型为定量或定序[2]。例如，形状是一种典型的定性视觉通道，人们通常会将形状辨认成圆、三角形或交叉形，而不是描述成大小或长短。反过来，长度则是典型的定量视觉通道，用户直觉地用不同长度的直线描述同一数据属性的不同的值，而很少用它们描述不同的数据属性，因为长线、短线都是直线。

4.1　视觉通道类型

视觉通道的类型主要有空间、标记、位置、尺寸、颜色、亮度、饱和度、色调、配色方案、透明度、方向、形状、纹理以及动画这 14 种类型[2]。某些视觉通道被认为属于定性的视觉通道，如形状、颜色的色调或空间位置，定性的视觉通道适合用于编码分类的数据信息，而大部分的视觉通道更加适合于编码定量的信息，如直线长度、区域面积、空间体积、斜度、角度、颜色的饱和度和亮度等，定量或定序的视觉通道适合编码有序的或者数值型的数据信息[1]。因此，如图 4-1 所示，按照定性视觉通道、定量视觉通道以及定性与定量视觉通道来区分视觉通道的类型。

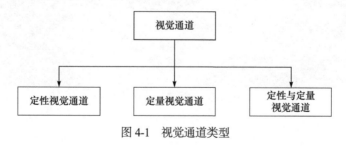

图 4-1　视觉通道类型

4.1.1　定性视觉通道

在视觉通道类型中，某些视觉通道被认为属于定性的视觉通道，如形状、色调、空间与位置、方向、纹理以及标记。

1. 空间

空间是放置所有可视化元素的容器。可视化的展示空间可以是一维、二维或三维的。一维可视化的例子有温度计、电表等仪器显示。它们广泛地应用在工作生活的各个方面。它们设计简单、结构简单、理解简单而且不会有歧义。在数据逐渐趋向于高维、大型、复杂时，一维可视化的应用范围受到限制。

日常工作生活中最常见的可视化媒体是二维的，如计算机屏幕、电视、手机、平板电脑、投影仪、打印机和绘图仪。在这些二维媒体中，可以不依靠交互和多窗口而完全容纳一维或二维的显示标记，如点、平面曲线和二维箭头等。二维媒体的广泛应用和人类视觉的生理构造相对应。人眼的成像本质是二维的，外部光源透过角膜、晶状体、玻璃体的折射，在视网膜上显现出景物的影像，构成光刺激。视网膜上的感光细胞(圆锥细胞和杆状细胞)受光的刺激后，经过一系列的物理化学变化，转换成神经脉冲，由视神经传入大脑层的视觉中枢，继而人脑可以感知到物体，经过大脑皮层的综合分析，产生视觉，看清景物(正立的立体像)[3]。由此可见，人眼在视网膜上的成像是二维的，三维特征(景深、透视变换等)是大脑处理后的产物。这也解释了为什么三维的显示标记经过处理也可以有效地显示在二维媒体中，这些处理包括透视变换、图形变换(位移旋转)和投影。

虚拟现实、增强现实、三维显示等可视化媒体可以称为三维媒体。它们通常不是物理意义上的三维媒体：它们采用平面像素而不是三维像素成像，而这些像素通过跟踪用户位置和视角不断地更新，让用户产生置身于现实三维环境中的感受。如图 4-2 所示，三维可视化技术能够让用户自由调整观察角度，对该地块的实景与各项指标产生更直观的认识。

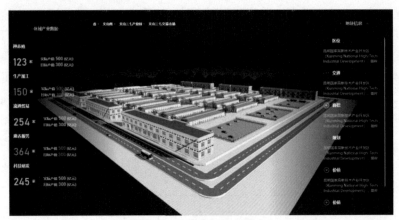

图 4-2   三维的可视化技术

2. 标记

标记通常是一些几何图形元素，如点、线、面、体等。视觉通道用于控制标记的视觉特征，通常标记中可用的视觉通道包括标记的位置、大小、形状、方向、色调、饱和度、亮度等。

标记可以根据空间自由度进行分类，如点具有零自由度，线、面、体分别具有一维、二维和三维自由度。视觉通道与标记的空间维度相互独立。图 4-3 列举了一个应用标记和视觉通道进行信息编码的简单例子。单个属性的信息可以使用标记的竖直位置进行编码标识，在图 4-3 柱状图中，条状的高度编码了相应属性所具有的数量大小，而水平位置的坐标轴则表示了时间序列。在图 4-3 散点图中，不同组的标记点在二维空间的位置分布将数据的特征表达得更加具体与鲜明。标记虽然拥有三维的空间自由度，但在编码时并非都可以相互独立地表示不同的属性，如散点图中已使用了竖直位置和水平位置后，使用深度的位置表示第三个属性项在表达上是不可行的。幸运的是，除了空间位置，可用作视觉通道的元素还有大小、形状、色调等。例如，赋予点(标记)不同的颜色和大小，可编码第三个和第四个独立属性，其结果如图 4-3 柱状图和散点图所示。

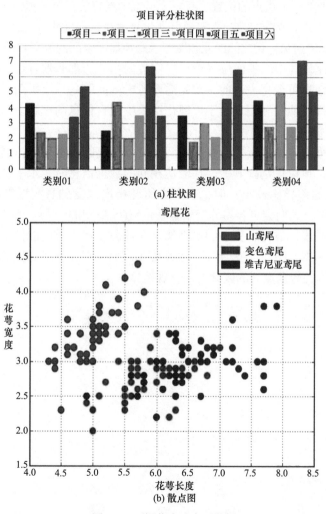

图 4-3　可视化表达应用举例

标记的选择通常基于人们对事物理解的直觉。然而，不同的视觉通道在表达信息的作用和能力上可能具有截然不同的特性。为了更好地分析视觉通道编码数据信息的潜能并将之利用以完成信息可视化的任务，可视化设计人员首先必须了解和掌握每个视觉通道的特性以及它们可能存在的相互影响，例如，在可视化设计中应该优选哪些视觉通道、具体有多少不同的视觉通道可供使用、哪些视觉通道互不相关而哪些又相互影响等。只有熟知视觉通道的特点，才能设计出有效解释数据信息的可视化。

3. 位置

平面位置是一种可以同时用于分类和定量数据属性的视觉通道，是所有常用视觉通道中比较特殊的一个。平面上距离相对近的对象可以分为一类，距离相对远的对象可以分为不同的类。

标记的位置有两个功能：①数据中的某些空间位置信息可以用标记的位置来表示，如地理信息可视化中数据采集点的位置、有限元模拟中网格的位置、流场可视化中临界点的位置等；②通过对标记位置的控制，实现可视化显示目标的优化[2]，如强调某些数据、显示尽可能多的数据、避免标记之间的互相覆盖、避免显示空间的浪费和增强美感等。

由于在可视化设计中，平面位置对于任何数据的表达都非常有效，甚至是最为有效的，在用户设计信息可视化表达前，首先需要考虑的问题是采用平面位置来编码哪种数据属性，这一选择可能主导用户对于可视化结果中包含信息的理解。通常采用这一视觉通道编码数据中相对重要的属性。

水平位置和垂直位置属于平面位置的两个可以分离的视觉通道，当所需要编码的数据属性是一维时，可以仅选择其一。在表达相同的数据信息时，水平位置和垂直位置的表现力和有效性的差异比较小；但也有不少研究指出，受到真实世界中重力效应的影响，在相同条件下，人们会更容易分辨出垂直位置(即高度)的差异。基于此考虑，显示器的显示比例通常被设计成包含更多的水平像素，从而使水平方向的信息含量可以与垂直方向的信息含量相当。图 4-4 表明了二维平面上同时需要用水平方向和垂直方向表现时的状况，不同类别的数据点间的区分得以直观地显现。

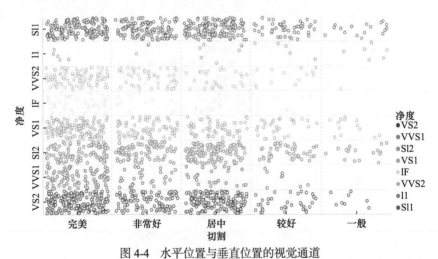

图 4-4　水平位置与垂直位置的视觉通道

4. 色调

色调相对于其他定性的视觉通道，更适合编码分类，人们肉眼对于色调的认知不存在定量的思维，而且由于色调有冷暖之分，在可视化编码中，色调有两层分类。颜色作为整体可以为可视化增加更多的视觉效果，因此在实际的可视化设计中被广泛使用。图 4-5 为使用色调区分无序但分类的数据。

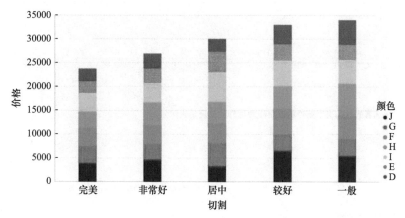

图 4-5　色调用于区分无序但分类的数据

然而，与饱和度一样，色调也面临着与其他视觉通道相互影响的问题，主要表现为在小尺寸区域上人们难以分辨不同的色调，另外在不连续区域(或不相邻对象)上的色调也难以被准确比较和区分[2]。一般情况下，人们肉眼可以较轻松地分辨多达 6~12 种不同的色调，而在小尺寸区域着色的情况下，可分辨的色调数量会略有下降。

5. 形状

形状对人类的感知系统来说各式各样，丰富多彩。视觉心理专家认为形状是人们进行注意力识别的低阶视觉特征。一般情况下，形状属于定性的视觉通道，是仅适合编码分类的数据属性。图 4-6 用简单的形状生动地呈现了世界各大城市的图标，这些形状通常是一些广为人知的标志性建筑的抽象，从而有助于人们的理解。

图 4-6　形状被用于编码城市图标

6. 纹理

纹理可大致分为自然纹理和人工纹理，前者指自然世界中实际存在的有规则模式的图案，后者指人工生成的规则图案[4]。纹理中的细节也有尺寸、方向、颜色等属性。例如，常见的点画图案(如虚线或点画线)通过不同的图案模式，可用作编码分类型数据属性。图 4-7 展示了一个结合点画技术的可视化案例。

图 4-7　采用点画技术对柱状图的草图风格的可视化展示

4.1.2　定量视觉通道

1. 尺寸

尺寸是定量/定序的视觉通道，因此适合映射有序的数据属性。尺寸通常对其他视觉通道都会产生或多或少的影响：当尺寸较小时，其他视觉通道所表达的视觉效果会受到抑制，如人们可能无法区分很小尺寸的形状。

长度是一维的尺寸，包括垂直尺寸(或称高度)和水平尺寸(或称宽度)。面积是二维的尺寸，体积则是三维的尺寸。由于高维的尺寸蕴含了低维的尺寸，因此在可视化设计中应尽量避免同时使用两种不同维度的尺寸编码来代表不同的数据属性[2]。图 4-8 说明了长度尺寸要比面积尺寸更容易区分大小。

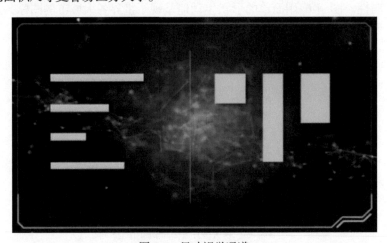

图 4-8　尺寸视觉通道

2. 亮度

亮度适合于编码有序的数据。人们通常习惯比较亮度的不同程度，并在思维中对这

些程度进行排序。相比绝对亮度，人眼在很宽的相
对亮度对数范围内，判断能力更强[5]。受人的视觉
感知系统的影响，人眼对亮度区分的分辨能力较
低，即亮度作为视觉通道的时候，其可辨性受到限
制。因此，一般情况下，在可视化设计中尽量使用
少于 6 个可辨的亮度层次。另外，两个不同层次的
亮度之间所形成的边界现象比较明显，并且由于人
眼对亮度的信息感知缺乏精确性，其并不适合用于
编码精度要求较高的数据属性。图 4-9 展示了色
调、亮度和饱和度构成的 HSL 颜色空间。

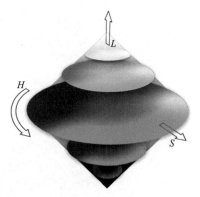

图 4-9　HSL 颜色空间

3. 饱和度

饱和度是另外一个适合编码有序数据的视觉通道。作为一个视觉通道，饱和度与尺寸视
觉通道之间存在强烈的相互影响，在小尺寸区域上区分不同的饱和度比在大尺寸区域上区分
困难得多。和亮度一样，饱和度对于数据信息表达的精确性也受到对比度效果的影响。

在大块区域内(如背景)，标准的可视化设计原则是使用低饱和度的颜色进行填充；对
于小块区域，设计者需要使用更亮的、饱和度更高的颜色填充以保证它们容易被用户辨
认。点和线是典型的小块区域的标记，人们对于不同饱和度的辨认能力较低，因此可使
用的饱和度层次较少，通常只有 3 层；对于大区域的标记，如面积(各类形状标记)，可使
用的饱和度层次则略多。

4. 透明度

透明度是一个与颜色密切相关的概念，通常透明度是颜色的第四个维度，其值为 0～
1，当两个颜色混合时，透明度可以用于定义两种颜色的权重，以此调节颜色的浓淡。视
觉感知的研究表明，人眼对透明度的感知有一定限度，低于对颜色色调的感知。

颜色在数据可视化领域通常被用于编码数据的分类或定序属性。当颜色的两种数据
编码规则在用户所见的视图空间中存在相互遮挡时，可视化的设计者必须从中选择一种
予以显示。但为了便于用户从整体进行把握数据的多重属性和空间分布，可以给颜色增
加一个不透明度的分量通道，通常称为 α 通道，用于表示离观察者更近的颜色对背景颜
色的透过程度。当颜色的 α 值为 1 时，表示该颜色是不透明的；当颜色的 α 值为 0 时，
表示该颜色是透明的；当颜色的 α 值位于 0 到 1 之间时，表示该颜色可以透过一部分背
景的颜色，从而实现当前颜色和背景颜色的混合，创造出可视化的上下文效果。

图 4-10 展示了 RGB 颜色空间。在计算机中，颜色的混合通常在 RGB 颜色空间中进
行，也就是说在颜色混合的计算中，颜色被表示成一个 (r,g,b,α) 四元变量，其中 r、g、
b 分别表示颜色的红、绿、蓝分量的值，而 α 则表示该颜色的不透明度分量的值。在可
视化视图中，当两个颜色在一个区域内重叠时，该区域内的颜色是 $(r,g,b)=$
$(r_1,g_1,b_1)\alpha_1+(r_2,g_2,b_2)\alpha_2$。其中，$(r_1,g_1,b_1)$ 和 (r_2,g_2,b_2) 分别表示当前颜色和背景颜色的
红、绿、蓝分量的值，α_1 和 α_2 分别表示当前颜色和背景颜色的不透明度分量的值[6]。

图 4-10　RGB 颜色空间

颜色混合效果在科学数据可视化中非常有用，例如，在三维体数据可视化中，直接体绘制中的光线投射算法就是通过屏幕上的每个像素发射一根虚拟光线，累积该光线途经的所有体素的光亮度贡献，其中的累积就是进行颜色混合操作。图 4-11 显示了加入透明度通道的颜色混合。

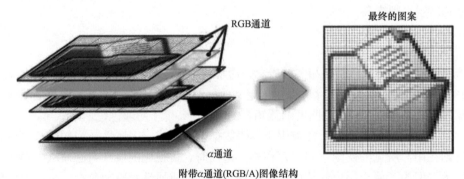

图 4-11　加入透明度通道的颜色混合

由于 RGB 颜色空间不符合人们日常对颜色的定义方式，通过颜色混合公式得到的新的颜色的色调值可能会不同于参与混合的两个颜色，导致颜色的色调无法作为视觉通道用于编码分类数据，因此在信息可视化中应慎用颜色混合。

4.1.3　定性与定量视觉通道

1. 配色方案

在信息可视化设计中，配色方案是关系到可视化结果的信息表达和美观的重要因素。优化配色方案的可视化结果能带给用户愉悦的心情，从而有助于用户更有兴趣探索

可视化所包含的信息，反之则会造成用户对可视化的抵触从而降低可视化的效果[7]。图 4-12
为配色方案的常见应用，商家会选用相对鲜明的方案来增加表现力，和谐的配色方案也
能增加可视化结果的美感。在设计可视化的配色方案时，设计者需要考虑很多因素，如
可视化所面向的用户群体、可视化结果是否需要被打印或复印(转为灰阶)、可视化本身的
数据组成及其属性等。

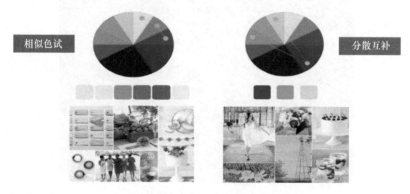

图 4-12　常用配色方案

　　由于数据具有定性、定量的不同属性，将数据进行可视化时需要设计不同的配色方
案。对于定性的数据类型，通常使用颜色的色调视觉通道进行编码，因此设计者需要考
虑的是如何选择适当的配色方案，使得不同的数据能被用户容易地区分(有时候还需要考
虑视觉障碍用户的需求)；如果是定量的数据类型，则通常使用亮度或饱和度进行编码，
以体现数据的顺序性质。在进行可视化设计的过程中，设计者还可以应用一些软件工具
辅助配色方案的设计，如较流行的 ColorBrewer 配色系统和 Adobe 公司的 Kuler 配色系
统。在 ColorBrewer 配色系统中，用户首先选择数据的分类数量(定性数据的类别数量或
定量数据的层次级别数量)，然后选择数据类型(定性数据、顺序的定量数据或发散的定量
数据)，接着选择配色方案后，用户就可以在左下角得到相应的配色方案，包括每个颜色
在不同颜色空间的表达值。

　　2. 动画

　　计算机动画是指由计算机生成的连续播放的动态画面。动画的原理利用了人的生理
上的视觉残留现象和人们倾向于将连续且类似的图像在大脑中组织起来的心理机制[8]。人
的大脑将这些视觉刺激能动地识别为动态图像，使两个孤立的画面之间形成顺畅的衔
接，从而产生视觉动感。图 4-13 展示了使用动画通过不同颜色的零散方块聚拢并逐渐达
到有序的过程以形象地表达大数据的处理进程。

　　动画也是可视化编码中的一种常见的视觉通道。以动画形式作为视觉通道包括了运
动的方向、运动的速度和闪烁的频率等，其中运动的方向可以编码定性的数据属性，后
两者则通常用于编码定量的数据属性。

图 4-13　动画的视觉表达

　　动画作为视觉通道对数据进行编码的优势和缺点都在于其完全吸引了用户的注意力,因此在突出可视化的视觉效果的同时,用户通常也无法忽略动画所产生的效果。动画与其他视觉通道具有天然的可分离性,但由于其过于突出的视觉效果,有时反而会导致其他视觉通道的表达效果受到限制。因此,可视化设计者在使用动画作为视觉通道编码数据信息时应慎重考虑其对可视化结果的整体可能产生的不利影响。

4.2　视觉通道的特性

　　定性的视觉通道适合用于编码分类的数据信息,定量或定序的视觉通道适合编码有序的或者数值型的数据信息,而分组的视觉通道则适合将存在相互联系的分类的数据属性进行分组,从而表现数据的内在关联性。

4.2.1　视觉通道的表现力和有效性

　　视觉通道的类型决定了可视化不同的数据时可能采用的视觉通道,而视觉通道的表现力和有效性则指导可视化设计者如何挑选合适的视觉通道,实现对数据信息完整而具有目的性的展现。

　　视觉通道的表现力要求视觉通道准确编码数据包含的所有信息。也就是说,视觉通道在对数据进行编码时,需要尽量忠于原始数据。例如,对于有序的数据,应使用定序的而非定性的视觉通道对数据进行编码,反之亦然。不加选择地使用视觉通道编码数据信息,可能使用户无法理解或错误理解可视化结果。

　　人类的感知系统对于不同的视觉通道具有不同的理解与信息获取能力,因此在进行可视化时,应使用高表现力的视觉通道编码更重要的数据信息,从而使得用户可以在较短的时间内精确地获取数据的信息。例如，在编码数值时，使用长度比使用面积更加合适，因为人们的感知系统对长度的判断能力要强于对面积的判断能力。

图 4-14 描述了各种类型的视觉通道的表现力排序，从上到下分别按照表现力从高到低进行排序。需要特别指出的是，这个顺序仅代表了通常情况。根据实际使用的情况，各个视觉通道的表现力顺序也会相应地改变。

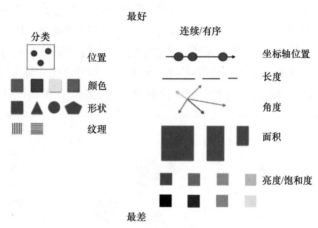

图 4-14 视觉通道的表现力排序

4.2.2 视觉通道的表现力判断标准

1. 精确性

精确性标准主要用于衡量人类感知系统对于可视化的判断结果和原始数据的吻合程度。来自于心理物理学的一系列研究表明，人类感知系统对不同的视觉通道感知的精确性不同，总体上可以归纳为一个幂次法则，其中的指数与人类感受器官和感知模式相关。

2. 可辨性

视觉通道可以具有不同的取值范围，但是如何取值使得人们能够区分该视觉通道的两种或多种取值状态，是视觉通道的可辨性问题。

某些视觉通道只有非常有限的取值范围和取值数量。例如，人们区分不同直线宽度的能力非常有限，而当直线宽度持续增加时，会使得直线变成其他视觉通道——面积。调整直线宽度仅能表现数种不同的数据属性值，当数据属性值的取值范围较大时，可以将数据属性值量化为较少的类，或者使用具有更大取值范围的视觉通道。

3. 可分离性

在同一个可视化结果中，一个视觉通道的存在可能会影响人们对另外视觉通道的正确感知，从而影响用户对可视化结果的信息获取[2]。例如，在使用横坐标和纵坐标分别编码数据的两个属性时，不能使用点的接近性对第三种数据属性进行编码，否则会对前两种数据属性的编码产生影响。

图 4-15 列举了几对不同的视觉通道。在图 4-15(a)中，位置和亮度是一对相互独立的视觉通道：用户可以分别根据点的位置和亮度，将这 8 个点分为两组。在图 4-15(b)中，尺寸和亮度则开始产生影响：根据点的尺寸，用户可以很容易地将这 8 个点分成两组；在尺寸较大的组内，用户根据亮度仍能容易地将其中的 4 个点分成两组，而在尺寸较小的组内若再将点根据亮度进行分组，用户则需要更加集中注意力。造成这种现象的主要原因是点的尺寸会影响人们视觉系统对亮度的判断，且尺寸越小，影响程度越大，因此尺寸和亮度不再是相互独立的视觉通道。类似地，人类视觉系统对尺寸和色调的判断也会存在相互干扰。在图 4-15(c)中，设计者通过水平尺寸和竖直尺寸将 8 个标记元素分为两组，但观察者在潜意识中趋向于将其中的 8 个对象分为三组，而不是设计者希望的两组。

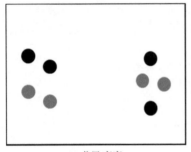 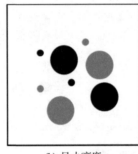 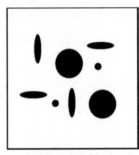

(a) 位置/亮度   (b) 尺寸/亮度   (c) 水平尺寸/竖直尺寸

图 4-15   视觉通道可分离性举例

4. 视觉突出

视觉突出是指在很短的时间内(200~250ms)，人们仅仅依赖感知的前向注意力即可直接察觉某一对象和其他所有对象的不同。视觉突出感知能力使得人们发现特殊对象所需的时间不随着背景对象的数量变化而变化[9]。图 4-16(a)和 (b)的两个例子中，人们可根据圆点的亮度，在很短的时间内发现黑色的圆点。在图 4-16(c)中，黑色圆点仍然可以较快被发现，但其明显性相对较弱，这是因为亮度视觉通道的表现力要大于形状通道的表现力。在图 4-16(d)中，人们需要通过顺序搜索和比较才能找到相异于所有其他对象的黑色圆点(位于右上角)。

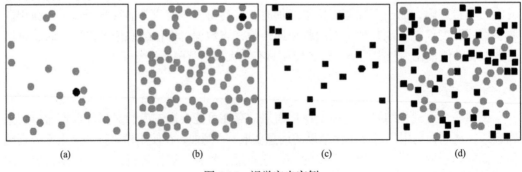

(a)   (b)   (c)   (d)

图 4-16   视觉突出实例

许多视觉通道都具有视觉突出特点，也有些视觉通道无视觉突出功能。如图 4-17 中所示的例子，观察者只能仔细查看所有的对象，最终发现平行的两条线组成的标记是区别于所有其他对象的。另外，尽管很多视觉通道支持视觉突出功能，但是它们的组合却可能不再支持视觉突出，图 4-16(d)中黑色圆点很难由于视觉突出而被发现。

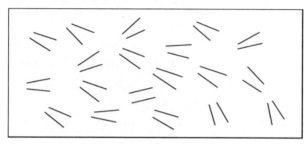

图 4-17　无视觉突出特点的视觉通道的例子

4.3　习题与实践

1．概念题

(1) 请描述定性视觉通道和定量视觉通道的区别。

(2) 请举例说明什么是视觉通道的可分离性。

(3) 请举例描述视觉突出类型。

2．操作题

尝试用不同的形状或者色调对同一统计数据进行分析，对比各种形状或者色调的差异，在过程中思考这些视觉通道的特性有哪些？视觉通道的表现力判断标准有哪些？

参 考 文 献

[1] 杨小军, 张雪超, 李安琪. 利用 Excel 和 Tableau 实现业务工作数据化管理[J]. 电脑编程技巧与维护, 2017, (12): 66-68.

[2] 陈为, 张嵩, 鲁爱东. 数据可视化的基本原理与方法[M]. 北京: 科学出版社, 2013.

[3] 钱乐乐. 基于视觉层次感知机制的图像理解方法研究[D]. 合肥: 合肥工业大学, 2009.

[4] 谢建辉. 纹理特征提取与分类研究[D]. 武汉: 华中科技大学, 2008.

[5] 林志洁, 丰明坤. 深度视觉特征与策略互补融合的图像质量评价[J]. 模式识别与人工智能, 2017, 30(8): 682-691.

[6] 陈鹏鹏. 电商系统中数据可视化技术研究[D]. 上海: 东华大学, 2016.

[7] 王可. 计算机辅助色彩设计理论和方法研究[D]. 西安: 西北工业大学, 2007.

[8] 郭保军, 杨凤梅, 赵娜. 对动画原理的修正: 基于视觉暂留和似动现象共同作用的动画原理[J]. 影视制作, 2009, 15(11): 16-17.

[9] 杜振龙. 图像——视频抠像技术的研究[D]. 杭州: 浙江大学, 2007.

第 5 章　数据可视化流程

做任何事情都有一个流程，数据可视化也不例外。可视化并不像大家认为的只是简单地输入几条数据，经过几步调整，得到几幅直方图，或者饼状图那么简单，数据可视化的内容及方法远不止这些。本章将为大家介绍数据可视化的流程，主要内容包括四种可视化流程模型、可视化编码的标记和视觉通道，以及可视化中的美学设计。重点内容是数据可视化流程的核心环节，要求掌握可视化流程通用模型，并以通用模型为主线学习本章内容；理解并掌握针对不同数据类型的视觉通道的选择。

5.1　可视化流程模型

模型是可视化学习的重要手段，通过模型可以直观地把握可视化工作的各个环节，明确可视化任务。随着可视化的发展，人们提出了一系列可视化流程模型，可视化流程模型得到不断发展和完善，模型的演化反映了人们对可视化工作的认识逐步加深。

5.1.1　可视化流程模型分类

可视化流程模型按照表现形式可以分为两大类，一类是无循环的(如线性模型)，另一类是有循环的(如循环模型)。

1. 线性模型

在科学可视化初期，可视化工作被描述为按顺序执行的四步，故称为线性模型，如图 5-1 所示，该模型是由哈伯(Haber)和麦克纳布(Mcnabb)于 1990 年提出的。在这一模型中，数据可视化包括四项处理活动，分别是数据分析(data analysis)、过滤(filtering)、映射(mapping)和绘制(rendering)[1]，每项处理活动都有各自的输入和输出。数据的状态经历了五个阶段，即原始数据(raw data)、就绪数据(prepared data)、焦点数据(focus data)、几何数据(geometric data)和图像数据(image data)。

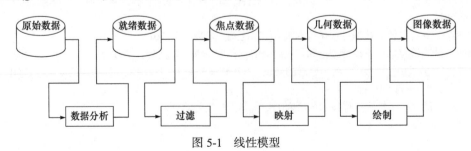

图 5-1　线性模型

线性模型的优点在于模型比较简单，它所描述的数据可视化过程是瀑布式的，一步的完成对应下一步的开始。它的缺点在于仅仅考虑数据的处理和状态的变化，没有考虑人的因素，因此很容易导致生成的可视化结果不能很好地适应使用者的需求，而调整结果则需要重新对数据进行处理，需要花费大量的时间。

2. 循环模型

随着人们对可视化认识的加深，可视化工作不再仅仅以单一顺序执行，而是新增了"信息反馈"和"用户交互"，线性模型由此过渡到循环模型。

典型的循环模型是斯托尔特(C. Stolte)和韩拉汗(P. Hanrahan)于 2000 年提出的，如图 5-2 所示，可视化工作始于任务(task)，经过数据准备(forage for data)和视觉结构搜索(search for visual structure)[2]，数据与视觉通道结合从而产生实例化视觉结构(instantiated visual structure)，即可视化图像结果，用户通过对结果的分析得出能够帮助解决问题的知识，即发展洞察力(develop insight)，人们根据从可视化结果中获取到的知识做出决策并付诸行动(act)，行动所产生的结果对可视化工作作出反馈，指导可视化工作的下一步任务。

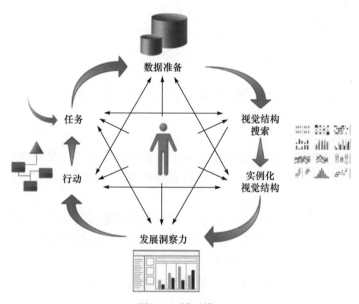

图 5-2　循环模型

在整个过程中，人是可视化工作的核心，该模型强调了人在可视化工作中的自主性。与线性模型相比，循环模型省去了可视化过程中数据的处理环节，重点展示可视化工作中人的活动以及信息反馈，强调可视化工作中人的重要性，每一步的进行都有人的协作与信息反馈，能够即时对可视化的阶段性结果进行调整，而无须等到可视化工作全部完成之后才去衡量可视化结果是否满足要求。

5.1.2　通用模型

通用模型[3]在线性模型的基础上加以简化，突出了数据可视化的关键步骤，展示了可视化流程的核心环节——分析、处理和生成，如图 5-3 所示。

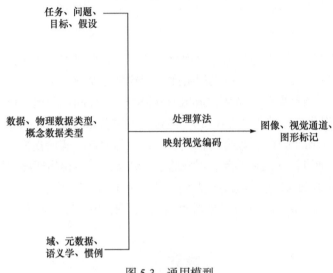

图 5-3　通用模型

1. 分析

获取到原始数据后，并非立刻对数据进行可视化表示，而是需要做一系列的准备工作，这一阶段概括为分析阶段，从总体上看，分析阶段包括三项任务，即任务分析、数据分析、领域分析。

任务分析主要是分析可视化任务的目标，如需要展示什么信息以及展示什么形式的信息、想要得到什么样的结论、想要验证什么假设等，明确需要完成的任务，有助于后续环节的执行。

数据分析包括对数据类型、数据结构、数据维度等数据特征进行分析。对于不同的可视化任务，获取到的数据有所不同，因此采用相同的方法进行可视化显然是行不通的，必须对数据进行分析，这是至关重要的一步。

可视化应用领域广泛，如医学、生物学、地理学等，对于不同的领域，可视化需要展示的侧重点不同，这就决定了在开展可视化任务时，必须要对该项任务所处的问题领域进行分析，在充分了解问题领域的基础上开展可视化工作，生成符合问题领域规范的可视化图表和可视化分析报告。

2. 处理

分析工作完成之后，接下来是处理，处理包括两大部分：数据处理和视觉编码处理。

数据处理包括数据清洗、数据规范和数据分析。数据清洗(即数据预处理)和数据规范，即把原始数据中的"脏数据"以及敏感数据过滤掉，然后剔除冗余数据，最后将数据结构调整为系统可以处理的形式。简单的数据分析就是使用基本的统计学方法分析数据背后蕴含的各种信息，复杂的数据分析方法就是运用数据挖掘的各种算法建立并训练模型，具体知识点见第 3 章，这里不再赘述。最后得到的结果还需要进行数据变换，才能通过视觉编码呈现出来，数据变换的方法主要有数据降维、数据滤波、数据采样、数据聚类等。

视觉编码处理即视觉编码设计，视觉编码的设计就是指如何使用位置、尺寸、灰度值、纹理、色彩、方向、形状等视觉通道，以映射每个待展示数据的维度。可视化视觉编码是可视化的核心内容，这部分将在 5.2 节详细展开。

3. 生成

生成可视化结果，即将视觉编码设计运用到实践中，在运用的过程中还需要对视觉编码的设计进行修改完善，甚至重返第一步分析阶段，整个过程就是各部分的迭代与完善，每一次完善都建立在出现问题的基础上，最终得到完整的、符合要求的可视化结果。

5.1.3　信息可视化参考流程模型

目前应用最广泛的可视化流程模型是卡德(S.K.Card)、麦金莱(J.D.Mackinlay)和施耐德曼(B. Shneiderman)于 1999 年提出的信息可视化参考流程模型，如图 5-4 所示，该模型将可视化分为三个阶段，分别是数据阶段、可视化处理阶段和视图阶段[4]。

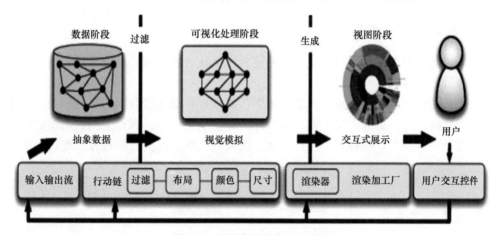

图 5-4　目前应用最广泛的模型

数据阶段的工作包括获取数据、对数据进行清洗、数据转换等。可视化结果通常是围绕主题进行的，因此需要数据具有高度的主题相关性，换言之，并非所有的数据都需要在可视化结果中展示出来，只有与可视化任务相关的数据才是可视化处理的对象，因此需要对数据进行过滤，筛选出用于可视化的数据。

可视化处理阶段的工作实质上是视觉编码设计，对视觉通道进行选择时首先要考虑数据的特征和结构，其次要考虑可视化任务的要求[5]，如美学要求等。下一步是应用视觉编码的设计结果对数据进行可视化的展示。

三个阶段之间的关系是层层递进、互相影响的。层层递进是基础，保留了最原始的线性模型的特征。互相影响体现在反馈机制上，融入了循环模型的特征。

在上述介绍的可视化流程模型中，通用模型更为简洁地展示了可视化工作的核心环节，建议读者在最初学习时先从通用模型入手，理解和掌握模型中各步的作用和内容，再研究其他可视化流程模型。

由于不同行业研究的数据不同，要求可视化结果展示的内容不同，因此分析阶段涉及的内容和使用的方法也不尽相同，需要具体问题具体分析，故对于分析阶段的内容本章不予介绍。但读者在进行数据可视化处理时，至少应在正式开始之前对可视化任务、获取的原始数据和可视化问题领域进行尽可能详细的分析。

通用模型的第二步是处理，处理包括数据处理和视觉编码处理，数据处理方法参见第 3 章，这里不再赘述，下面重点介绍视觉编码处理。

5.2　可视化编码

可视化编码(又称可视化映射)是指将数据信息映射成符合用户视觉感知的可见视图的过程。可视化编码是数据可视化的核心内容。数据可视化还可以定义为数据到视觉元素的映射过程，这一过程又称为视觉编码。数据一般用属性和值描述，对应的可视化编码由标记和视觉通道描述，分别对应数据的质与量。

5.2.1　标记和视觉通道

第 4 章已经对视觉通道进行了详细介绍，下面从可视化编码组成方面归纳总结标记和视觉通道的内容。

标记是指数据属性到可视化元素的映射，用以直观地代表数据的属性归类，标记通常是一些几何图形，如点、线、面、体等[6]，如图 5-5 所示。根据空间自由度进行分类时，点具有零自由度，线具有一维自由度，面具有二维自由度，体具有三维自由度。

(a) 点　　　　　　(b) 线　　　　　　(c) 面　　　　　　(d) 体

图 5-5　可视化标记

视觉通道是数据属性值到标记的视觉呈现参数的映射，用于展现数据属性的定量信息，它用于控制标记的视觉通道，通常可用的视觉通道包括标记的位置、大小、形状、方向、色调、饱和度、亮度等，如图 5-6 所示，从左至右分别表现的是位置、大小、形状和颜色。

图 5-6　可视化视觉通道

图片来源：https://blog.csdn.net/qq_43362426/article/details/97367728

数据可视化的创始人之一 Jacques Bertin 在《图形符号学》(*Semiology of Graphics*)中曾给出视觉编码中常用的图形元素及对应的视觉通道，如图 5-7 所示，图中横向自左向右依次代表标记的形式：点、线和面。纵向自上而下依次表示视觉通道的类型：位置、尺寸、灰阶值、纹理、色彩、方向和形状。7 种视觉编码映射到点、线、面，共衍生出21 种编码可用的视觉通道。

图 5-7　可视化标记与视觉通道

图片来源：Bertin J. Semiology of graphics [C]. Conference on Computer Networks, 1983.

可视化编码阶段存在诸多问题，如可视化设计中优先选用哪些视觉通道、具体有多少种视觉通道可供使用、某个视觉通道能编码什么信息以及能包含多少信息量、视觉通道表达信息能力有哪些区别、哪些视觉通道互不相关而哪些又相互影响等，只有熟知各个视觉通道的特点，才能设计出好的数据可视化结果。

表 5-1 给出了部分常用视觉通道的含义和参考应用场景，读者可自行扩展总结其他视觉通道的含义和应用场景(可能会有更新)。

74

表 5-1 常用视觉通道应用场景及示例

视觉通道	释义	应用场景	示例
位置	数据在空间中的位置，一般指二维坐标	散点图中数据点的位置，可以一眼识别出趋势、群集和离群值。SWOT 分析中，位于矩阵中的数据点的位置标识了数据所在的象限	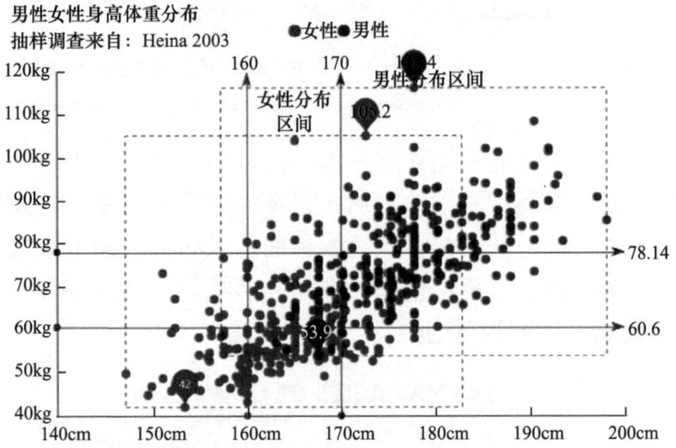 男性女性身高体重分布 图片来源：https://echarts.apache.org/examples/zh/index.html
方向	空间中向量的斜度	折线图中每一个变化区间的方向，用于传达变化趋势以及变化程度是缓慢上升还是急速下降	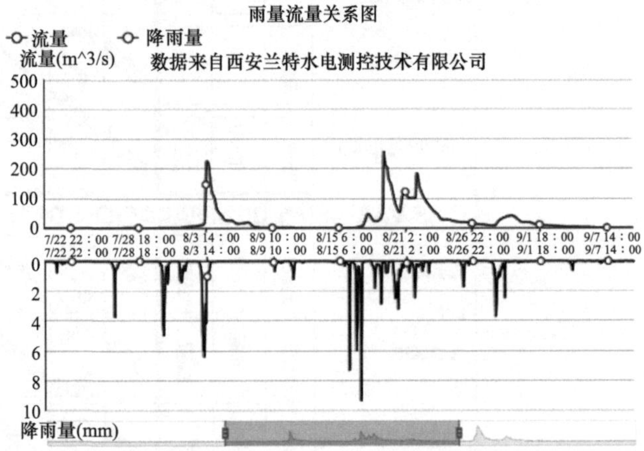 雨量流量关系图 图片来源：https://echarts.apache.org/examples/zh/index.html
长度	图形的长度	条形图与柱状图中柱子的长度代表了数据的大小	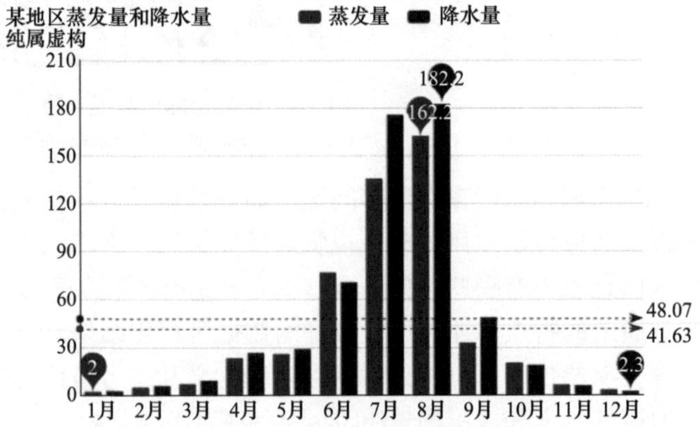 某地区蒸发量和降水量 图片来源：https://echarts.apache.org/examples/zh/index.html

续表

视觉通道	释义	应用场景	示例
形状	符号类别	通常用于地图以区分不同的对象和分类,也常出现在散点图中,用不同的形状区分多个类别和对象	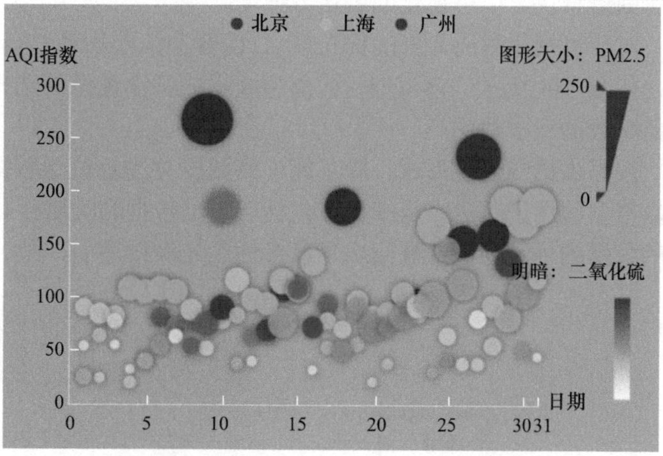 图片来源:https://echarts.apache.org/examples/zh/index.html
色调饱和度	通常指颜色色调的强度	色调和饱和度可以分开使用,也可以一起使用,颜色的应用范围比较广,几乎可以运用于各种场景,但是颜色的数量过多会影响"解码效率",推荐在同一图中使用少于五种颜色,同一仪表板中使用相同色系	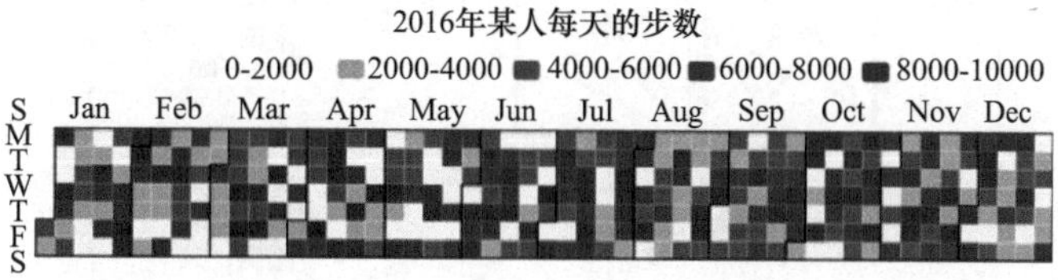 图片来源:https://echarts.apache.org/examples/zh/index.html
面积	二维图形的大小	二维空间中用于表示数值的大小,通常用于饼状图和气泡图	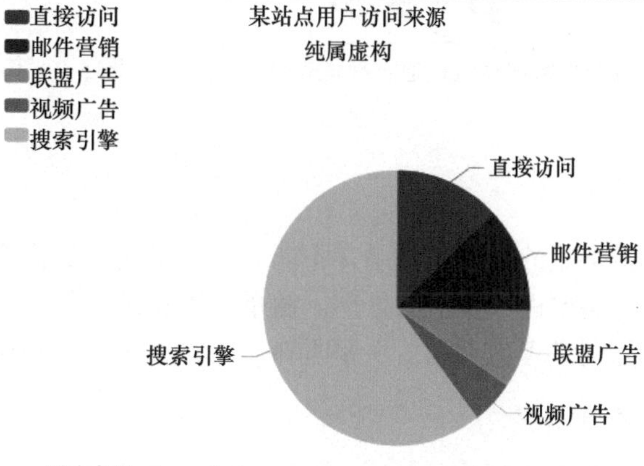 图片来源:https://echarts.apache.org/examples/zh/index.html

5.2.2　编码元素和级别

在进行可视化编码时，一种数据的同一属性可以由多种视觉通道来展现，如在展示某地区气压值时，可以选择颜色、线距等，选择哪种视觉通道可以更加直观地表达所要展示的信息决定了可视化的表达力强度。

对于可视化编码元素的优先级，目前普遍认同的是 Cleveland 等提出的优先级排序模型，如图 5-8 所示。该模型对数值型数据的视觉通道的选择具有较好的指导性，但对非数值型数据却不适用。

按照数据的表现形式，除了能够将数据分为数值型数据和非数值型数据，还可以对非数值型数据进行进一步细分，包括有序型数据和类别型数据。图 5-9 分别对这三种类型的数据的视觉通道选择给出了参考性优先级排序。

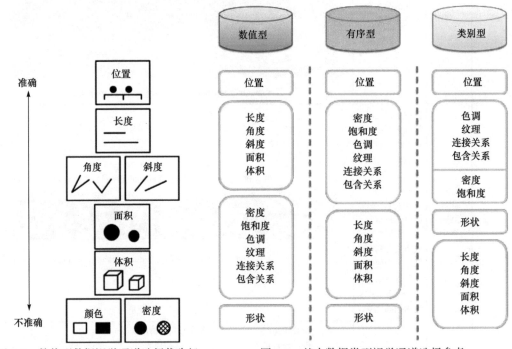

图 5-8　数值型数据视觉通道选择优先级　　　图 5-9　基本数据类型视觉通道选择参考

5.3　可视化结果处理

初步生成的可视化结果并不能完全满足用户的需求，为了提高图形美观性和用户友好性，还需要进一步加工处理。衡量可视化结果优劣的标准有很多，这里总结出关键的四条，分别是表达力强，主题明确、内容直接，人性化交互设计，具有艺术美感[7]。

1. 表达力强

可视化结果应该具有较强的表达力，可视化的目的就是运用一系列工具和手段将数据所传达的不直观的信息转换为用户易于感知的能通过视觉与思维的相互配合解读信息传达知识的表达结果。因此，要求可视化工作的结果必须达到能够最大限度呈现数据所包含的潜在知识的水平，这就要求可视化工作者在进行可视化工作的分析阶段对可视化任务涉及的领域、知识等有充分的理解，明确可视化的任务。

2. 主题明确、内容直接

在可视化设计过程中，尤其在选择可视化编码元素时，必须要注意一点，即能使用简单编码元素的就不使用复杂编码元素。可视化结果必须是主题明确、内容直接的，这样才能达到可视化工作的最好效果。可视化工作是为用户服务的，用户能否从可视化结果中快速捕捉到重要的信息是衡量一个可视化任务完成好坏的重要评判标准。

3. 人性化交互设计

对于复杂的数据，一个视图往往难以包含数据所蕴含的所有信息，而通过添加用户交互设计，能够使得用户按照自己的意愿修改现有视图的呈现形式，如缩放、聚焦等，从多方位多角度观察可视化图形。

4. 具有艺术美感

虽然可视化设计的侧重点不在于艺术美感，但是在可视化设计中合理加入艺术元素，可以提高可视化结果的美观性和艺术感。艺术美感不可或缺，但要注意艺术元素的使用要合理，过分重视艺术美感可能会削弱原本清晰明了的可视化结果的表达力。

5.3.1 视图选择与交互设计

当可视化数据较多、较复杂时，使用单一视图往往不能使可视化效果达到最好，因此可视化设计者还需要考虑视图的交互设计，默认状态下的可视化展现的是基本上可以满足用户需求的结果，而针对不同用户的需求，设计相应的交互操作，从而提高用户对可视化结果使用的体验。但是需要注意的是，视图交互有时并非能作为附加数据或信息手段，可视化最核心的部分还是在正式进行可视化工作中的基础操作。

交互设计主要包括以下方面：

(1) 滚动与缩放。能够调节分辨率，展示视图数据在不同分辨率下的状态。

(2) 颜色映射的控制。通过调色盘支持用户改动可视化结果的颜色。

(3) 数据映射方式的控制。初始或默认状态下可视化展示的是一种直观的易于理解的结果，该结果普遍适应用户需求。但是还可以以另外一种映射方式呈现，以满足不同用户的需要，因此完善的可视化系统在提供默认的数据映射方式的前提下，仍然需要保留用户对数据映射方式的交互控制。

(4) 数据缩放和裁剪。支持用户对数据进行缩放并对可视化数据的范围进行裁剪，从而控制最终可视化的数据内容。

(5) 细节层次控制。支持在不同的条件下，隐藏或者突出数据的细节部分。

总体上，设计者必须要保证交互操作的直观性、易理解性和易记忆性。直接在可视化结果上的操作比使用命令行更加方便和有效，例如，按住并移动鼠标可以很自然地映射为一个平移操作，而滚轮可以映射为一个缩放操作。

5.3.2 可视化中的美学要素

在物质与精神高度发达的今天，人们越来越重视实用与美感并存。可视化将表面乏味的数据以一种可视的途径展现出来，这是人们使用数据和处理数据的一大进步。然而，仅仅做到这些还不足以满足用户更深层次的对于美感的需要。通过在可视化中加入美学设计要素，可以使可视化结果在满足用户需求上更进一个层次。

当然通过可视化工具，软件可以快速便捷地对可视化结果进行后期美化与修饰。但要避免陷入两个极端，一个极端是毫无修饰，这样的可视化结果显然是不符合一个好的可视化结果的设计标准的，另一个极端是过度修饰，导致用户在使用时不能直观地捕获数据本身呈现的信息。这两个极端都是不可取的，美化要以可视化任务为中心，在展示用户所需信息的基础上进行适度美化[8]。

在可视化中，常用的美学要素主要是颜色与形状：色彩的合理搭配能够起到聚焦的效果，能将用户的关注点集中到可视化结果中的关键区域；形状的调整主要是通过可视化软件或工具应用可视化隐喻等设计对可视化结果的展示形式进行调整优化。

1. 可视化设计中的色彩运用

在可视化设计中，色彩是不可忽视的元素之一。由于色彩自身可承载十分丰富的信息，恰当地使用色彩对数据进行编码会令可视化结果更具表现力。除此之外，色彩可以表现其他元素不容易表现的概念。例如，帮助用户理解数据的结构，迅速吸引用户注意力至目标信息，突出重点信息，促进用户对信息的记忆，提升可视化的美学价值等。

在进行可视化设计时，要遵循一定的原则，可视化色彩设计基本原则包括下述几个方面[9]：

(1) 应用特征整合理论，将数据展示分成前注意阶段和细节注意阶段，并在前注意阶段使用突显性较强的颜色对重要信息进行编码。

(2) 展示差异数据时，应采用与其差异相一致的颜色编码。

(3) 尽量避免同时使用对立颜色(黑/白、红/绿)。

(4) 使用低饱和度颜色填充大尺寸区域，高饱和度颜色填充小尺寸区域。

(5) 颜色使用数量不多于七种。

(6) 考虑人类视觉特征，防止产生色彩错觉而误导用户对可视化的理解。

(7) 合理运用与主题相关的色彩，激发用户长期记忆中色彩和语义的对应关系。

(8) 考虑用户的色彩感知差异，适当调整配色方案。

2. 可视化设计中的形式优化

在可视化结果的处理中，适当改变可视化结果的形式，运用可视化隐喻等手段，也有助于提高可视化的美学效果。图 5-10 展示的是美国某汽车公司全部已售汽车颜色排行的柱状图(图中横坐标颜色分别是黑色、奶油白色、灰色、银色、黄色、绿色、粉色、白色、蓝色和红色)，图 5-11 展示的是美国某汽车公司全部已售汽车颜色排行的条形图。显然，后者比前者更能直观地表达展示"排行榜"这一可视化需求。

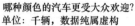

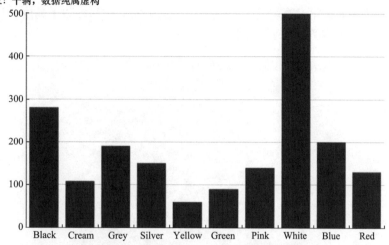

图 5-10　美国某汽车公司全部已售汽车颜色排行(柱状图)

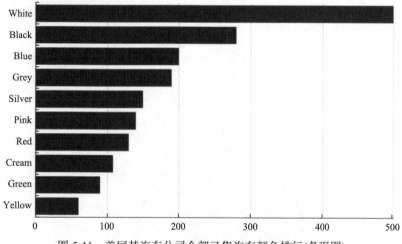

图 5-11　美国某汽车公司全部已售汽车颜色排行(条形图)

5.3.3　可视化隐喻

　　隐喻是一种修辞方法，是指在彼类事物的暗示下感知、体验、想象、理解、谈论此类事物的心理行为、语言行为和文化行为。隐喻包括本体和喻体。可视化隐喻就是通过选择合适的喻体表现本体，进而提高本体的易理解性。在可视化中运用隐喻，可以使得图形数据的展示更形象和易于理解，巧妙的隐喻还能够使得在较少展示数据的情况下，表达更多的信息。时间隐喻和空间隐喻是可视化中常用的隐喻方式，选择适当的喻体表现图形数据的时间或者空间特征，能够有效提高可视化结果的表达力。

　　在可视化中一些图形的名称常以隐喻的喻体命名，如旭日图、雷达图、树图、漏斗图、主题河流图、象形柱图等。

　　图 5-12 展示的是象形柱图，左边是圣诞节儿童愿望清单，中间是世界第一高峰珠穆朗玛峰，右边是非洲第一高峰乞力马扎罗山，三个象形柱都标明了高度，这样一组对比直观形象地表达了在圣诞节小朋友的愿望之多。

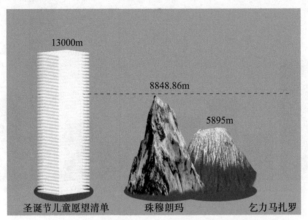

图 5-12　圣诞节小朋友愿望清单(有微调)
图片来源：https://echarts.apache.org/examples/zh/index.html

　　图 5-13 是旭日图，中间像太阳本体，四周散发出的线像阳光。这幅图是书籍的分类

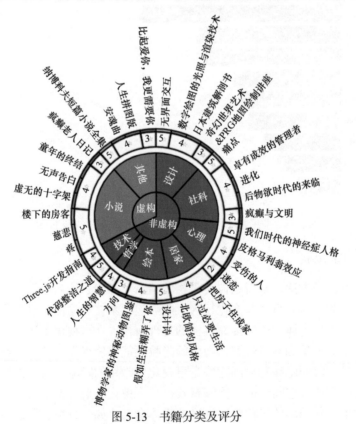

图 5-13　书籍分类及评分
图片来源：https://echarts.apache.org/examples/zh/index.html

及该类别下代表书籍的评分星级，如图所示，书籍划分为两大类：虚构和非虚构。虚构包括"小说"和"其他"两个子类别，小说的代表书籍如《疼》《慈悲》和《楼下的房客》等，小说的星级逆时针递减。其他类别同理，分析可得，旭日图可以很好地展现大类别与小类别的关系，内环代表大类别，外环代表小类别，最外环还可以呈现更详细的划分。

可视化中应用隐喻能够增强可视化结果的表达力，同时使得可视化结果富于艺术美感，满足用户视觉需求。在进行可视化结果修饰处理时，使用视觉隐喻会使得可视化结果更富有内涵，加深用户对可视化结果的印象。

5.4　习题与实践

1. 概念题

(1) 通用的可视化流程模型包括哪几步？

(2) 不同类型的数据如何选择视觉通道？举 2～3 个实例。

(3) 衡量可视化结果优劣的标准有哪些？

(4) 在表 5-1 的基础上扩展总结更多视觉通道的应用场景。

2. 操作题

选择一种可视化工具，分组完成一项可视化工作，按照通用模型的流程进行可视化设计，并记录每一步的执行过程。

参 考 文 献

[1] Haber R B, Mcnabb D. Visualization idioms: A conceptual method for visualization systems[C]. Inscientific Visualization: Advances & Challenges, 1994: 1-8.

[2] Stolte C, Tang D, Hanrahan P. Polaris: A system for query, analysis, and visualization of multidimensional relational databases[J]. IEEE Transactions on Visualization and Computer Graphics, 2002, 8(1): 52-65.

[3] GeekPlux. 数据可视化基础——可视化流程[OL]. https://zhuanlan.zhihu.com/p/24835341[2017-1-11].

[4] Card S K, Mackinlay J D, Shneiderman B. Readings in Information Visualization: Using Vision to Think[M]. San Francisco: Morgan Kaufmann Publishers, 1999.

[5] 刘勘, 周晓峥, 周洞汝. 数据可视化的研究与发展[J]. 计算机工程, 2002, 28(8): 1-2, 63.

[6] 陈为. 数据可视化[M]. 北京: 电子工业出版社, 2013.

[7] 陈建军, 于志强, 朱昀. 数据可视化技术及其应用[J]. 红外与激光工程, 2001, 30(5): 339-342.

[8] 曾悠. 大数据时代背景下的数据可视化概念研究[D]. 杭州: 浙江大学, 2014.

[9] 杨欢, 李义娜, 张康. 可视化设计中的色彩应用[J]. 计算机辅助设计与图形学学报, 2015, 27(9): 1587-1596.

第 6 章　数据可视化工具

数据可视化工具是用来进行各种大数据分析并将这些数据以图像的形式呈现的利器。当原始数据最终转化为图像的形式显示出来时，制定决策或发现数据中的潜在规律就会变得更加容易。在当前的应用领域中，许多开源且专用的大数据可视化工具，有针对性地提供了科学、信息等方面的可视化分析。本章将从可视化软件和编程工具两方面来介绍当下最受欢迎的大数据可视化工具，希望通过本章的介绍能够让读者对这些可视化工具有一个初步的了解。

6.1　可视化软件

数据可视化软件是将复杂的数据以简便易用的方式呈现出来的工具，目的是以图形的方式清晰有效地传达和交流信息。它可以让用户更轻松地理解这些数据，从而做出正确有效的决策。

6.1.1　可视化软件分类

可视化软件根据不同标准可以划分为不同类别。因为用户来自不同的领域、对数据可视化有不同的要求、具备不同的计算机技能，所以无论从用户角度还是软件开发者角度都需要在明确用户需要的同时了解现有软件的类型。下面介绍两种可视化软件的划分标准。

1. 应用领域

可视化软件大致可以分为科学可视化、信息可视化及可视化分析三类[1]。科学可视化软件是实现科学可视化的工具，它的重点是利用计算机图形学将复杂的科学概念或结果以视觉图像的方式呈现出来，如医学图像领域的 3D Slicer、地理信息领域的 ArcGIS 等。信息可视化软件侧重于通过图像绘制的方法研究信息资源的大规模非数字视觉呈现，以帮助人们理解和分析数据，应用领域包括复杂图像分析、高维多变量数据、文本和地理信息商业智能、公众传播和互联网应用等。可视化分析软件是基于官方统计数据使其可视化呈现出来的工具，它更注重于分析数据中的规律和趋势。

2. 发布模式

可视化软件按不同的发布模式可以分为开源可视化软件和商务可视化软件。很多可视化软件发源于政府资助的研究项目，没有商业目的。受计算机领域开源运动的影响，有很多可视化软件会选择将源代码公开，并免费提供给用户，如 Google Charts、NASA

WorldWind、OpenDX 等，这在客观上为学习使用这些软件提供了非常有利的条件，这些软件常被称为开源可视化软件。与之对应，商务可视化软件收取使用费用，而源代码一般不公开，如 Tableau Desktop 等。

6.1.2　科学可视化软件

1. VolView

VolView 是一个可以实现交互功能的可视化软件，研究人员可以利用这个软件更专业地探讨和分析复杂的三维医学或科学数据，也可以更方便地生成丰富的图像和导航数据；该软件还常应用于工业领域，它能够提供零件模型反求工程，对零件进行内部探伤模拟等，并可以进行精确定位，同时进行三维重建对零件设计提供参考方案，以此作进一步分析。

VolView 基本功能如下：

(1) 实现二维切片图像处理。

(2) 实现大规模体数据的转换和滤波处理。

(3) 实现三维重建任务，提供移动立方体(marching cube, MC)面绘制和光线投射体绘制等多种方法。

(4) 对重建出来的三维对象实现交互操作，如旋转、放大、缩小、局部分割等。

图6-1 是 VolView 软件的可视化结果示例。

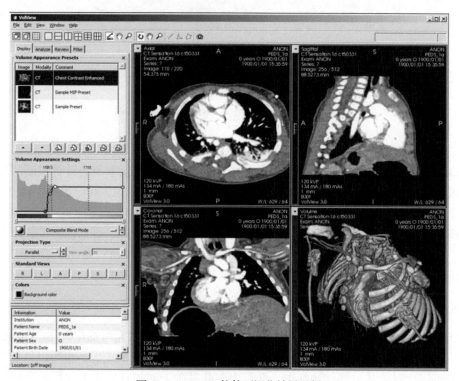

图 6-1　VolView 软件可视化结果示例

图片来源：http://wnpcdn.com/screenshot/149788-768daa1781d9ee078d668d2af4a55a56b.png

2. 3D Slicer

3D Slicer 是一个开源的数据可视化和图像分析软件包。3D Slicer 本身支持多种平台，包括 Windows、Linux 和 MacOsX。3D Slicer 是一种观察医学图像数据三维场景的工具软件，但还未被批准用于临床。因此，3D Slicer 软件面向的用户主要是医学和科学可视化领域的研究人员，而不是临床医生。3D Slicer 具有操作较为复杂、磁盘空间消耗率大、内存占有率高、计算速度偏慢的特点，其主要功能有：

(1) 实现多器官的可视化，从头到脚地展示出人身体各个器官的图像分析。

(2) 支持多模态成像，包括磁共振成像、计算机断层扫描成像、超声成像、核医学和显微镜成像。

(3) 具有强大的插件功能，扩展性较强，可以添加算法和应用程序。

图 6-2 是 3D Slicer 的可视化结果示例。

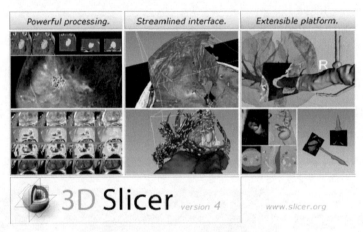

图 6-2   3D Slicer 可视化结果示例

图片来源：https://www.ddooo.com/softdown/114 460.htm

3. OsiriX

OsiriX 是一款主要应用于医疗服务的图像处理软件，其能够整合计算机断层扫描和磁共振数据并生成三维图像。在此基础上，该软件还支持图像的旋转、透视等操作。

图 6-3 是 OsiriX 界面及生成图像集合。

OsiriX 是一款便于安装、不需要任何特定工作环境的软件，可以以影像归档和通信系统、直接从光盘或通用串行总线(USB)记忆棒的方式导入图像，完全兼容 DICOM 标准，同时也支持很多其他图像和视频格式，如 TIFF、JPEG、PDF 等。

4. OpenDX

OpenDX 是 Open Data Explorer 的简写，是 IBM 的科学数据可视化软件。OpenDX 采用 C 语言开发，适用于科研、工程数据分析；它可以生成三维图像，也可以以切片的方式获得可视化对象的内部结构视图，并可以在此基础上对切片平面上的数据进行高度编码；它还可以为旋转对象提供不同角度的数据视图。

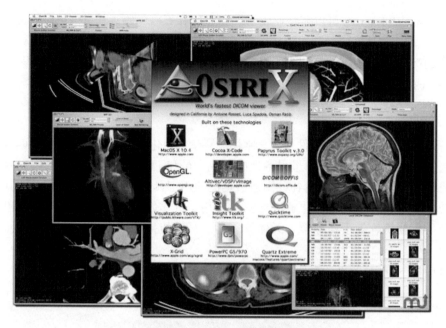

图 6-3　OsiriX 界面及生成图像集合

图片来源：http://www.pc6.com/mac/124029.html

表 6-1 是 OpenDX 主要组件简介。

表 6-1　OpenDX 的主要组件简介

主要组件	介绍
数据模型	用于描述数据资源管理器实体(包括数据字段、几何对象和图像)的定义、规则和约定的集合
数据提示器	用于描述要导入 DataExplorer 的数据的用户界面
数据浏览器	用于查看数据文件，确定其包含数据的布局和组织以及将此信息传输到 DataPrompter 的用户界面
脚本语言	用于创建可视化程序的高级语言。它可以直接在命令模式下使用，以执行各种任务。用户在此窗口中构建的可视化程序在保存到磁盘时会被翻译成相同的语言
可视化程序编辑器 (VPE)	用于创建和修改可视化程序的图形用户界面。使用此编辑器创建的程序由 DataExplorer 转换为脚本语言，并以该格式存储
模块	构成可视化程序网络的构建块(可视化工具)
模块构建器	用于创建可视化程序中使用的自定义模块的用户界面
图像窗口	用于查看和修改由可视化程序生成图像的交互式窗口
控制面板	用于更改可视化程序使用的参数值的用户界面

5. AVS/Express

AVS/Express 是一款让用户能够创建可重复使用的对象、应用组件以及可视化程序的开发工具。AVS/Express 可以完全集成 C、Fortran 和 C++代码,其组件可以通过调用 C、Fortran 和 C++程序完成处理功能。用户还可以使用代码模板生成器对代码进行修改,导入用户自定义的代码。与此同时,C++类生成器能够提供使用 C++编程语言访问 AVS/Express 组件的方法。

6. Amira

Amira 是一个可扩展的软件系统,常用于科学可视化、数据分析、三维和四维数据的可视化呈现。它被数千名来自世界各地的研究人员和工程师使用,灵活的用户界面和模块化架构使其成为处理和分析各种模态数据的通用工具,不断扩展的功能也使其成为一种多功能的数据分析和可视化解决方案,适用于许多领域,如生物学显微镜和材料科学、分子生物学、量子物理学、天体物理学、计算流体动力学、有限元建模、无损检测等。

图 6-4 是 Amira 软件的操作界面。

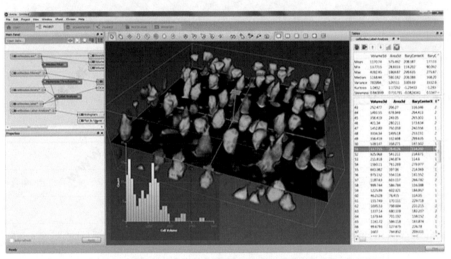

图 6-4　Amira 软件的操作界面

图片来源: http://www.ddooo.com/softdown/114460.htm

7. IDL

IDL 是 Interactive Data Language 的缩写,是一种用于数据分析的编程语言。它在特定的科学领域很受欢迎,如天文学、大气物理学和医学成像。IDL 是第四代科学计算可视化语言,集开放性、高维分析能力、科学计算能力、实用性和可视化分析为一体,可以方便地与 C、C++进行连接,支持数据库的开放数据库连接(ODBC)接口标准。IDL 与大型图形和地理信息系统(GIS)应用软件相近,应用 IDL 可以快速开发出功能强大的三维图形图像处理软件和三维地理信息系统。

图 6-5 是 IDL 文件的应用过程。

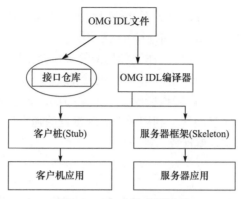

图 6-5　IDL 文件应用过程

8. NASA WorldWind

NASA WorldWind 是一个开源(在 NASA 许可下发布)的虚拟地球仪软件。它由美国国家航空航天局于 2003 年开发，最初用于个人计算机，在 2004 年之后开始与开源社区一起进一步开发。截至 2017 年，该软件的用户可以在线获得基于 Web 的 NASA WorldWind 版本和 Android 版本。

图 6-6 是 NASA WorldWind 的官网界面。

图 6-6　NASA WorldWind 官网界面
图片来源：https://worldwind.arc.nasa.org

NASA WorldWind 允许无限制的用户化定制，协助用户处理地理数据并构建地理空间应用程序，因此在使用时用户只需专注于解决自己领域的特定问题即可。

9. ArcGIS

ArcGIS 为用户提供了一个创建、管理、共享和分析空间数据的平台，它由服务器组件、移动和桌面应用程序、开发人员工具组成。用户可以使用上下文工具来可视化和分析数据，通过与他人合作来获得更多可视方案，通过地图、应用程序和报告分享自己的见解。利用该平台，用户能够绘制观察结果，对地球表面上发生的几乎所有事件进行建模，还能够了解地理空间关系和因果关系并获得相关的决策支持。ArcGIS 是内置有领先工具的图像分析软件，可提供用户采取行动所需的信息。

ArcGIS 设置了深度学习工具、工作流和指南等来帮助用户观察和分析地球，从地理空间数据中提取并共享日常信息，以提供更好的决策支持，从而更快地提取答案。通过 ArcGIS 中的深度学习功能，可以轻松创建数字地图图层，如道路网络、建筑物轮廓线、土地覆盖物等。通过使用大量图像、利用类似人为推理的强大计算能力，ArcGIS 深度学习工作流可以立即完成要素提取任务。

10. Gephi

Gephi 是一款目前较为领先的用于可视化和大型网络数据图分析的开源软件。相较于 Photoshop，该软件主要应用于图形数据的编辑。用户可以通过图形数据的外在表示来修改图形的结构、形状和颜色，以此来显示隐藏的图案，帮助数据分析人员做出假设，发掘合适的方案，隔离数据源中的结构奇点或故障。Gephi 是传统统计的补充工具，可以通过交互式界面的可视化思维来促进推理。

Gephi 是采用 Java 语言开发的，使用 OpenGL 作为可视化引擎，并建立在 Netbeans 平台之上，遵循松散耦合的模块化架构理念。Gephi 是可扩展的，允许开发人员创建插件来添加新功能，或者修改现有功能。

Gephi 的主要特点如下：
(1) 插件设置个性化。
(2) 通过深层数据分析检测关系。
(3) 内置三维渲染引擎。
(4) 实施视觉化。
(5) 可进行动态过滤。
(6) 内置直观工作量组织界面。

图 6-7 是利用 Python 抓取《哈利波特与魔法石》文本片段后，使用 Gephi 制作而成的小说中人物与人物之间关系的可视化视图。

11. CiteSpace

CiteSpace 是由陈超美博士和智慧实验室共同研发的一款常用于科学文献可视化分析的工具。CiteSpace 的工作原理是在对多种阈值的选择之后，将多个文献被引网络进行组合，以此形成一种庞大的知识网络。CiteSpace 提供了三种可视化视图供用户选择：聚类视图(cluster view)、时间线视图(time line view)以及时区视图(time zone view)。聚类视图的目的是突出聚类间的结构特征，它注重对视图中关键节点以及重要连接的描绘；时间线视图更加倾向于对聚类间的关系、聚类中文献历史跨度的描述；时区视图则是通过时间维度来表现知识的演进，更加清晰地展示出文献的更新和彼此间的影响情况。CiteSpace 的主要目的是让用户更方便地提取所需的信息，并向用户展示某一学科中特定领域的发展趋势及其演化过程。

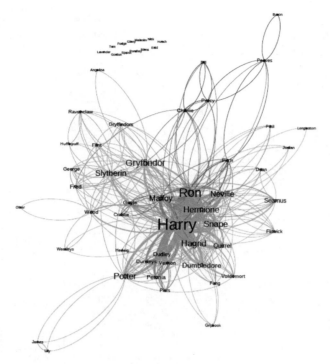

图 6-7　使用 Gephi 从《哈利波特与魔法石》中提取制作的人物关系图

图片来源：https://zhuanlan.zhihu.com/p/26718634

CiteSpace 的用途如下：

(1) 热点分析。

(2) 前沿探测。

(3) 演进路径分析。

(4) 群体发现。

(5) 学科、领域、知识交叉和流动分析[2]。

图 6-8 为 CiteSpace 的工作流程。

6.1.3　信息可视化软件

1. 面向图的可视化软件

1) Microsoft Excel

Microsoft Office 是微软公司专门为 Windows 操作系统及 Mac 操作系统设计的计算机办公软件，Microsoft Excel 是其中的电子表格组件，广泛应用于统计、管理、金融、会计等诸多领域，内置众多可视化工具，支持数据处理、数据分析、辅助决策等操作；还可用于绘制不同类型的图表，如具有代表性的是旭日图、雷达图、箱形图等。

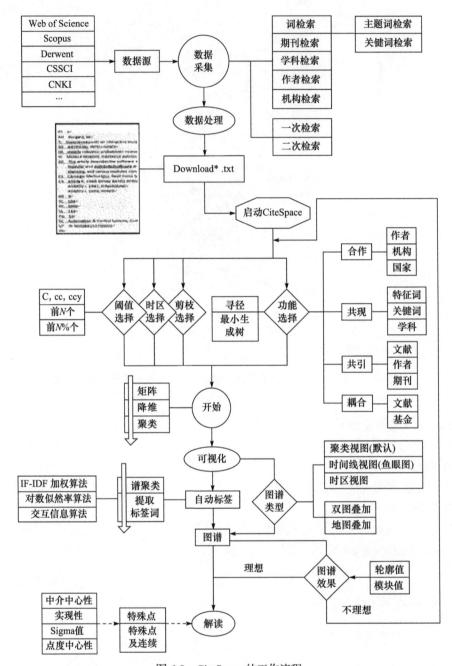

图 6-8　CiteSpace 的工作流程

Microsoft Excel 的主要特点如下：

(1) 可以使用多种方式进行数据比较。

(2) 可以进行平铺、布局等格式的选择。

(3) 为用户推荐最优的可视化方案。

(4) 能够兼容 Microsoft Office 的其他产品。

2) Google Charts

Google Charts 是以 HTML5 和可缩放矢量图形(SVG)为基础的专用于浏览器与移动设备的交互式图表开发包。它的功能强大，易于使用并且免费向用户开放。Google Charts 内部设有 JavaScript 制图库，包含散点图、分层树图、地图等多种图表样式，用户只需要将简单的 JavaScript 语句嵌入 Web 页面中就可以在选择合适的模板之后创建出自己的个性化定制图表。

3) iCharts

iCharts 是一种建立在 HTML5 基础上的 JavaScript 图表库，主要由 JavaScript 语言编写。iCharts 的工作原理是使用 HTML5 中的 Canvas 标签来绘制各式各样的可视化图表。iCharts 注重于为用户提供更简单、直观并且可交互的绘制图表组件，同时它还支持用户在 Web 或应用程序中进行图表的展示。ichartjs 目前设有包括环形图、条形图、堆积图、区域图在内的多种可视化图表类型供用户选择。除此之外，iCharts 还具有跨平台、轻量级、快速构建的特点。相较于 Microsoft Excel 软件，iCharts 的操作方法更为便捷。iCharts 的官网界面如图 6-9 所示。

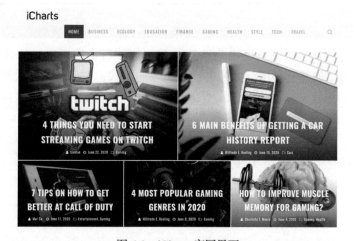

图 6-9　iCharts 官网界面

图片来源：https://www.icharts.net (可能有更新)

4) Highcharts

Highcharts 是一个完全基于 HTML5 技术，不需要安装任何插件、可配置于任何运行环境的，由纯 JavaScript 语言编写的可视化图表类库(即 JavaScript 图表库)。Highcharts 支持气泡图、仪表图、瀑布流图、区域图、时间轴图、股票图等 20 多种可视化图表，用户可以根据需要将多种类型的图表集成到同一幅图形中形成混合图表。该软件还能为用户提供在线图表制作服务，用户可以将创建好的交互式图表自由添加到 Web 应用程序中；也就是说个人、学校、非营利机构等非商业用户可以在不经过 Highcharts 官方授权的情况下自由使用该软件。Highcharts 具有兼容性，可以在不同的浏览器上运行。

Highcharts 的其他功能特点如表 6-2 所示。

表 6-2　Highcharts 功能特点

功能特点	内容
简单的配置语法	不要求用户拥有高级的编程技术，它的所有的配置选项都是通过 JSON 实现的
动态交互性	支持丰富的交互性
支持多坐标轴	制作图表时用户可以根据需要为每个类型的数据添加坐标轴，也可以多类数据共用一个坐标轴，所有坐标轴都是独立有效的，用户可以对坐标轴进行旋转、样式设计和定位等操作
数据提示框	可以通过提示框来展示数据点或数据列的信息，并且提示框中的数据会随着鼠标的移动而变化
时间轴	对时间轴的处理非常智能，可以精确至毫秒
导出	在 Highcharts 中的图表可以导出为 PNG、JPEG、PDF 或 SVG 格式
缩放和钻取	通过缩放可以查看不同范围的数据，通过钻取可以查看不同级别的详细数据
方便载入外部数据	数据可以用任何形式处理好并加载到 Highcharts 中，包括动态数据
仪表图	仪表图就像速度计一般，便于阅读
极地图	折线图、面积图、柱形图等图形可以通过一个简单的配置转换成极地图、雷达图
图表或坐标轴反转	支持图表反转(X轴或Y轴对调)
文本旋转	图表中所有的文本，包括坐标轴标签、数据标签等支持任意方向的旋转

5) Graphviz

Graphviz 是一款开源图形可视化软件。与一般"所见即所得"的普通图形软件不同，Graphviz 采用的并不是用鼠标拖曳绘制图表的方式，它采用的方式是：用户先使用一门名为 dot 的语言来描述图表、编写脚本，然后 Graphviz 根据脚本自动布局生成图表。Graphviz 将这种方式称为"所思即所得"(What you think is what you get, WYTIWYG)，使用这种方式的好处有两点：①软件可以自动完成图表生成的整个过程，将用户从排版中解放出来；②在遇到某些复杂情况时，dot 脚本可以由其他工具自动生成。

6) WEKA

怀卡托智能分析环境(Waikato environment for knowledge analysis, WEKA)是一种在 Java 语言环境下开发的机器学习及数据挖掘软件，该软件的图标是一种来自于新西兰的鸟类——新西兰秧鸡(英文名称为 WEKA)。作为一款开源的数据挖掘工作平台，WEKA 集成了大量的可用于数据挖掘的机器学习算法，可以在交互界面中实现数据预处理、分类、聚类、关联规则生成、特征选择、可视化等操作，这就意味着 WEKA 可以根据数据挖掘的结果生成一些简单的可视化图表。

2. 面向高维多变量数据的可视化软件

1) XmdvTool

XmdvTool 是针对多元数据集的数据可视化工具。XmdvTool 共设有五种多维数据可视化方式，分别是散点图(scatter plot)、星状图(star plot)、平行坐标(parallel coordinates)、高维堆叠(dimensional stacking)以及像素图(pixel chart)。另外，XmdvTool 还支持单变量数据可视化图表，如树状图(tree view)、盒图(box plot)等。XmdvTool 可以在 Windows、

Mac、UNIX 等多种平台上使用；它支持多种交互模式及工具，如允许用户对数据的空间结构进行重排等。XmdvTool 现已被广泛应用于金融、化学等多个学科领域。

2) GGobi

GGobi 是一款用于高维数据可视化的开源软件，它既能显示多变量统计图形，又能动态展示变量之间的关系。GGobi 可以提供高度动态和交互式的图形(如 tours)及基本图形。GGobi 着重于用图形方法探索多变量高维数据中的统计性质和特征分布，常用于观测一些仅靠有限的统计数据难以发现的聚类、离群值等重要数据特征。

3) InfoScope

InfoScope 是由 Macrofocus 公司开发的一种高度交互式的可视化工具。InfoScope 常用于对多维度数据的处理和分析，具有允许采用多个视图显示数据不同层面的信息及支持用户灵活、非正式的进行信息交互的特点。

3. 面向文本的可视化软件

1) Contexter

Contexter 由约瑟夫·斯蒂芬研究所知识技术部门设计开发。它的设计者认为对于文本内容的分析不应该草率地将全部的关键词和关系都识别出来，而是根据特定的需求进行选取分析，如一些关键的人物的名称、重要的地点名称、某种专业的术语及它们之间错综复杂的关系。该系统在进行文本分析时，首先利用信息抽取的方法发现需要呈现出的已经设定好的词汇，再利用词袋、特定算法(如 TF-DF 算法)等工具在系统中建立命名实体之间的关系。

2) NLPWin

NLPWin 是微软公司研究的一个软件项目，旨在为 Windows 系统提供自然语言的处理工具。该系统主要通过对研究文本的概述，实现文本中关键数据的可视化。其中文本中的语义关系通常是以抽取命名实体、凝练实体间关系的方式进行的，其操作过程基本如下：①用户需要提取句子中主谓宾之间的逻辑关系，形成逻辑三元组并以此分析文本的句法结构；②用户需要采用共引处理、跨句指代处理等方式对生成的三元组关系进行提纯和精炼，再将处理结果映射到可视化图像中，从而完成文档关键信息的可视化。

3) TextArc

TextArc 是一种可以将单个页面上的文本整体进行可视化呈现的文本分析工具。它能够通过单词间的关系和单词出现的频率在文本中发现模式和概念，将文本内容进行一定程度的转化，生成交替可视化的作品。TextArc 通过索引和摘要的一致性组合，采用人类可视化的方法实现对文本主要任务、概念及核心思想的理解。

TextArc 主要功能特点如下：

(1) 动态显示，即单词按文档中出现的顺序依次显示，并生成动态路径曲线。

(2) 可交互，即通过点击可以查看每个单词在文档中的对应位置，以单词为中心的辐射线将单词与螺旋连接起来。

(3) 文档结构清晰，即螺旋的线与原文档对应，空格、章节、段落、格式以及其他文本特征都保存下来。

(4) 容易发现文档中单词的使用规律，即单词在螺旋圈内的位置由它在文档中出现的平均位置决定。

TextArc 可视化效果如图 6-10 所示[3]。

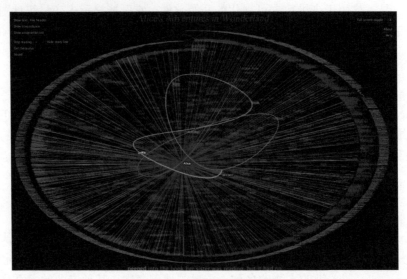

图 6-10　TextArc 可视化效果图

图片来源：https://www.macobserver.com/images/viewimage.shtml?src=/images/news/2002/20021217textarc/alice_connections.jpg

4) IN-SPIRE

IN-SPIRE 是由美国太平洋西北国家实验室 (Pacific Northwest National Laboratory, PNNL)开发的，是一款基于大规模的自由文本抽取和可视化典型系统的知识图谱分析软件。IN-SPIRE 主要由 ThemeView 和 Galaxy 两个模块构成，两者的可视化效果不尽相同。ThemeView 主要是利用三维空间中山峰和山谷的概念来表现主题和主题之间的关系，即内容越相近的文献在图中的距离也越相近，最终形成山峰，反之则形成山谷；利用等高线表明相关文献之间的密度，即最高峰的高点区域包含的文献最多，低点区域包含的文献相对较少。而 Galaxy 在二维空间中利用星云团来表现主题聚类，能将特定文本集中的文章通过星云团的密度呈现出相应主题聚集或离散的趋势[4]。

4. 面向商业智能的可视化软件

1) Tableau

Tableau 是一款用于数据整理、统计、分析的可视化工具。它可以帮助用户快速将导入或搜索到 Tableau 中的数据转换、整理成便于分析的形式，还可以将不同来源的数据合并到一起，并直观简洁地展示在操作界面上。Tableau 主要有两种数据处理方案，一种是安装在个人计算机上的桌面软件 Tableau Desktop 所支持的完全式托管方案，另一种是用于企业内部数据共享的服务器端软件 Tableau Server 所支持的本地或云端自行管理方案。当然，用户也可以根据需要选择两种管理方案相结合的处理方式。通过这几种处理方式，Tableau 可以实现报表生成、发布、共享和自动维护的全过程。另外，Tableau 能够通过实时连接或者根据制定的日程表自动更新获取最新的数据；它允许用户全权指定无论是用户权限、数据源连接，还是为部署提供支持所需设定的公开范围，让用户在值得信赖和安全可靠的环境中探索数据并发表自己的见解。

2) Spotfire

Spotfire 是一款先进的科学数据可视化分析平台。它利用人机交互界面，为用户提供了强大的数据分析能力和视觉体验环境。另外，相较于其他数据分析可视化软件，Spotfire 凭借其高效的可视化及数据分析能力，能够让用户更迅速地发现潜在的威胁和新的机遇，从而带来更显著的经济效益。

3) Splunk

Splunk 是可运行于 Windows、Linux 等多种平台的信息技术数据分析、日志分析、业务数据分析软件。使用 Splunk，用户可以在几分钟内收集、分析和实时获取数据，并从中快速找到系统异常问题和调查安全事件，监视端对端基础结构，避免服务性能降低或中断，以较低成本满足合规性要求，关联并分析跨越多个系统的复杂事件，从而获取新层次的运营可见性以及信息技术和业务的智能化。Splunk 采用的是浏览器/服务器(B/S)模式，它提供了一套可用来精确搜索的关键字搜索规则，便于使用者快速查找所需的信息。

Splunk 的可视化结果示例如图 6-11 所示。

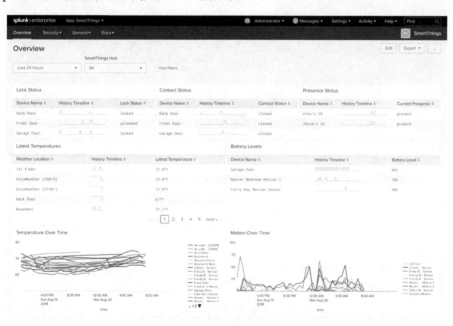

图 6-11　Splunk 可视化结果示例

图片来源：https://blog.augustschell.com/splunk-your-house-how-an-august-schell-engineer-monitors-his-house

4) Loggly

Loggly 是基于云的应用程序，能够为系统管理人员、应用开发人员、数据分析师提供日志管理服务。Loggly 从多台服务器上收集、整理日志，同时对用户的习惯进行诊断、监督、分析和汇总，了解用户群及应用软件未来的发展趋势，帮助用户快速找到问题根源，并提供相应的解决方案。另外，Loggly 还可以为用户提供丰富的日志可视化结果。

5. 面向公众传播的数据可视化平台

1）Many Eyes

Many Eyes 是一款免费的数据可视化工具。由于 Many Eyes 的设计理念是"让人人都能够轻而易举地生成自己的可视化图表"，因此用户即使不会编程，也可以通过上传数据，获得自己所需的可视化图表。Many Eyes 支持多种数据类型，可以将视觉化图像嵌入网页之中，让用户在网页界面中进行展示与互动。另外，Many Eyes 的用户可以通过客户端查看其他用户的数据和可视化图像，通过学习来提高自己的可视化技能。同时，Many Eyes 设有自己的论坛，为用户建立相互沟通与学习的空间，帮助用户解决各种可视化问题。Many Eyes 的操作界面如图 6-12 所示。

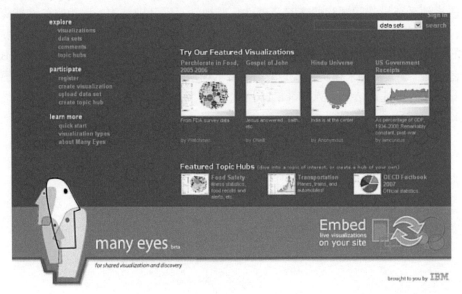

图 6-12　Many Eyes 操作界面
图片来源：http://hint.fm/projects/manyeyes

2）Visual.ly

Visual.ly 是线上可视化图表的制作工具，内置了很多可视化模板。Visual.ly 的特点是不需要用户提供数据，用户只需要将自己的 Twitter、Google 等社交账户链接到 Visual.ly 账户，Visual.ly 就可以自动将用户社交账号中的数据连接到软件中，并通过这些数据，加载到相应的数据模板，在线生成可视化信息图表。

6. 面向 Web 的可视化软件

1）D3

数据驱动文档(data driven document, D3)是面向 Web 的二维数据变换与可视化方法。D3 允许用户将任意数据绑定到文档对象模型(document object model, DOM)，然后对文档应用数据进行驱动转换。它能够帮助用户以超文本标记语言(HTML)、可缩放矢量图形和层叠样式表(CSS)的形式快速进行可视化展示，并在 Web 页面进行动画演示。D3 最大的优势在于它能够提供基于数据的有关文档对象模型的高效操作，这种操作既能够避免专有可视化设计带来的负担，又能够增加可视化设计的灵活性，同时还发挥了 CSS3 等网络标准的最大性能，被广泛应用于学术研究及工业领域。

D3 可视化案例图集如图 6-13 所示。

图 6-13　D3 可视化案例图集

图片来源：https://zhuanlan.zhihu.com/p/21586964

2) Shiny

Shiny 是一个开源的 R 语言软件包。因为 Shiny 可以自动将数据分析转化为交互式 Web 应用程序，所以用户在使用 Shiny 时可以不具备任何编程知识。Shiny 的功能之所以强大，是因为它可以在后端执行 R 代码，这样 Shiny 应用程序就可以执行在桌面上运行的任何 R 计算；Shiny 还可以根据用户的输入对数据集进行切片和切块，也可以使 Web 应用程序对用户选择的数据运行线性模型、广义相加模型(generalized additive model, GAM)或机器学习方法。

3) Raphaël

Raphaël 是一款专门为艺术家和平面设计师设计的 JavaScript 库，多用于在网页中绘制矢量图形。Raphaël 允许使用统一的应用编程接口来创建支持它的可缩放矢量图形场景或现在的矢量建模语言(VML)。与 D3 相比(也许 D3 的功能要比 Raphaël 强大得多，它可以处理更复杂的图形，特别是用于业务方面)，Raphaël 允许用户在旧版本的浏览器中工作，用户不必因为制作新的作品而更改他们的绘图工具，从可用性和用户体验来看，Raphaël 的使用方法比 D3 更加便捷。Raphaël 的操作界面如图 6-14 所示。

6.1.4　可视化分析软件

1. Gapminder

Gapminder 是由瑞士 Gapminder 基金会开发的一款用于识别多变量数据变化趋势的可视化分析软件。Gapminder 采用一种互动的可视化形式，动态地展示了世界各地、各机构公开的各项人文、政治、经济和发展指数，如经济增长率、每千人互联网用户数、军事预算等，在信息产业界产生了积极的影响。Gapminder 通过将无聊的数字转换为动画和交互式图形的方式来揭示统计时间序列的美。起初它的用户仅仅是教师和学生，但它在教

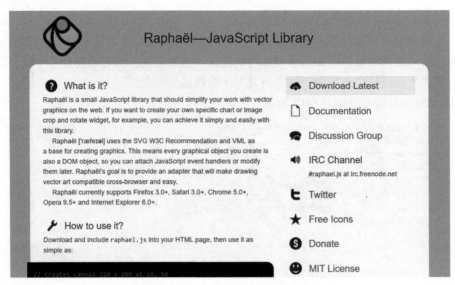

图 6-14   Raphaël 的操作界面

图片来源：https://cssauthor.com/javascript-charting-libraries

育、技术、贫困等方面所预载的 600 个数据指标以及对枯燥数据呈现的出色的可视化效果，均为该软件在其他领域的应用奠定了坚实的基础。

2. Google Public Data Explorer

Google Public Data Explorer 被称为 Google 公共数据浏览器，可简写为 Google Public DE，是一款数据搜索及可视化工具，旨在帮助行业和学术分析师从政府和其他公共来源找到数据，并以图形的方式探索和检查大型数据集。它提供了一系列来自国际组织和学术机构的公共数据和预测，包括世界银行、经合组织、欧洲统计局和丹佛大学等，这些数据在该引擎上可以以线图、条形图、横截面图或地图的形式显示出来。2011 年，公共数据浏览器可供任何人上传、共享和可视化数据集。为此，Google 创建了一种新的数据格式——数据集发布语言(DSPL)，一旦数据被导入，数据集就可以被可视化，嵌入外部网站中，类似于 Google 文档。2016 年，该工具集通过 Google 分析套件扩展到免费公开测试版，它允许导入公共或单个数据集。另外，在该工具中生成的可视化图表也可以在网站和博客中嵌入或共享。

3. Palantir

Palantir 是专门为政府机构和金融机构提供高级数据分析的平台。Palantir 的主要功能是链接网络各类数据源，提供交互的可视化界面，辅助用户发现数据间的关键联系，寻找隐藏的规律或证据，并预测将来可能发生的事件。Palantir 的两大核心产品分别是主要服务于国防安全和政府管理领域的 Palantir Gotham 和主要服务于金融领域的 Palantir Metropolis。Palantir Gotham 平台可以根据用户的具体需求进行配置，Gotham 核心的前端是一套用于语义、时间、地理空间和全文分析的集成应用程序，供用户从其组织的数据资产中获取含义。在图形应用程序中，用户以节点和边网络的形式直观地探索数据对象之间的语义关系，借助时间线、直方图和演示功能，可视化事件序列，过滤具有相似特征的对象，并分析网络信息流；在地图中，用户可以导入、集成地图图层和图像，跟踪地理位置的对象和事件，并创建热图来按位置识别对象的密度。Palantir Metropolis 平台是可以实现大规模定量调查的理想平台，能够横跨多个数据源进行集成，将不同的信息整合到一个统一的定量分析环境中。Palantir Metropolis 交互式用户界面以丰富的可视化形式给抽象的数据赋予生命，提供无缝交互的表格和图表，同时也提供用户所有感兴趣的集成数据的整体视图，可视化使用源数据实时更新，因此用户总能看到最新和最准确的信息。Palantir 的分析平台界面如图 6-15 所示。

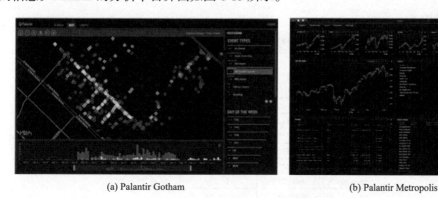

(a) Palantir Gotham　　　　　　　　(b) Palantir Metropolis

图 6-15　Palantir 分析平台界面

图片来源：https://www.infoq.cn/article/the-most-mysterious-big-data-company-palantir-part03

6.2　可视化编程工具

可视化编程就是按照编程思想"所见即所得"的原则，努力实现程序与结果同步调整。而可视化编程工具正是借助简单编程语言来赋予数据分析更加灵活的能力，实现一些构思新颖、令人赞叹的数据图制作[1]。

与任何语言一样，可视化的编程语言也不能一蹴而就，但相对于其他实现复杂功能的代码程序来讲，其可以利用比较固定简单的代码来完成一些数据的抓取和可视化呈现。

6.2.1　R 语言

1. R 语言简介

R 语言是 S 语言的一个分支，广泛应用于统计学领域，诞生于 1980 年左右。它是一个由 John Chambers 及其同事在贝尔实验室开发的 GNU 项目。R 语言能够提供各种统计数据(时间序列分析、分类、集群等)和图形技术，在应用方面具有高度的可扩展性。

2. R 语言的优势

R 语言的优势如下：

(1) R 语言是免费的，R 软件的注册使用不需要额外付费。

(2) R 语言主要应用于统计分析。

(3) R 语言具有强大的绘图功能。

(4) R 语言具有灵活的交互数据分析功能。

(5) R 语言能够从多个数据源导入数据[5]。

3. R 语言的案例

有关 R 语言的应用，下面介绍一个绘制火山图的案例[6]。

(1) 数据准备。准备一个"xlsx"文件，将文件命名为"volcano.xlsx"，并向此文件中录入如图 6-16 所示的数据。

	A	B	C
	Gene_id	log2FoldChange	padj
	transcript12922/f3p0/1767	6.0697	0
	transcript13433/f4p0/1699	5.1214	0
	transcript14332/f7p0/1678	−6.4568	0
	transcript21172/f2p0/1342	6.4339	0
	transcript23291/f2p0/1248	−6.2229	0
	transcript24075/f2p0/1208	−11.142	0
	transcript24773/f2p0/1202	−11.42	0
	transcript26921/f4p0/1052	−10.892	0
	transcript27006/f4p0/1087	−7.5156	0
	transcript29746/f5p0/959	−6.0318	0
	transcript29931/f6p0/962	−7.8027	0
	transcript3035/f2p0/2844	−5.735	0
	transcript31010/f14p0/918	−7.8582	0
	transcript31118/f2p0/923	−9.8714	0
	transcript33394/f9p0/839	−6.4799	0
	transcript37776/f4p0/595	−7.1017	0
	transcript38421/f29p0/546	−7.0906	0
	transcript5242/f3p0/2433	−5.3209	0
	transcript20690/f3p0/1349	−7.5846	2.58E-303
	transcript14131/f2p0/1675	−5.1612	2.68E-298
	transcript15062/f7p0/1639	−7.1471	2.09E-294
	transcript20931/f10p0/1360	−8.401	2.45E-287

图 6-16　"volcano.xlsx"文件录入内容

(2) 程序包安装。代码如下：

```
install.packages(dplyr)
install.packages(ggplot2)
install.packages(ggthemes)
install.packages(xlsx)

library(dplyr)
library(ggplot2)
library(ggthemes)
```

```
library(xlsx)
```

(3) 录入代码，生成简易版火山图。代码如下：

```
data < - read.xlsx("volcano.xlsx",1,header = T)  #读取数据
data$type[data$padj < 0.05 & data$log2FoldChange > 2] = "Up"
#设置 padj < 0.05 且 log2FoldChange > 2 的为上调,下同
data$type[data$padj < 0.05 & data$log2FoldChange < - 2] = "Down"
data$type[data$padj < 0.05 & abs(data$log2FoldChange) < = 2] =
"Normal"
data$type[data$padj > = 0.05] = "Normal"
volcano < - ggplot(data,aes(x = log2FoldChange,y = -log10
(padj),colour = type)) +
xlab("log2(Fold Change)") +
ylab("-log10(padj)") +
geom_point(size = 2,alpha = 0.6)  #设定点的大小
```

```
volcano
```
生成的简易版火山图如图 6-17 所示。

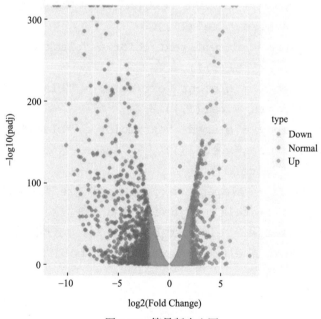

图 6-17 简易版火山图

由于在火山图里红色一般表示上调，所以需要对简易版火山图进行优化，具体代码
如下：

```
data < - read.xlsx("volcano.xlsx",1,header = T)  #读取数据
data$type[data$padj < 0.05 & data$log2FoldChange > 2] = "Up"
```

```
#设置 padj < 0.05 且 log2FoldChange > 2 的为上调,下同
data$type[data$padj < 0.05 & data$log2FoldChange < -2] = "Down"
data$type[data$padj < 0.05 & abs(data$log2FoldChange) < = 2] =
"Normal"
data$type[data$padj > = 0.05] = "Normal"

windowsFonts(Times = windowsFont("Times New Roman"))  #添加字体

volcano < - ggplot(data,aes(x = log2FoldChange,y = -log10
(padj),colour  =  type))+xlab("log2(Fold  Change)")+ylab("-log10
(padj)")+geom_point(size = 2,alpha = 0.6) + #设定点的大小
    scale_color_manual(values = c("blue","grey","red")) + #设定上
下调颜色
    geom_hline(yintercept = -log10(0.05),linetype = 3) + #增加水平
间隔线
    geom_vline(xintercept = c(-2,2),linetype = 3) + #增加垂直间隔线
    theme_few() + #去掉网格背景
    theme(axis.text.x = element_text(color = "black",face = "bold",
family = "Times", size = rel(1))) +
    theme(axis.text.y = element_text(color = "black",family = "Times",
face = "bold",size = rel(1))) +
    theme(axis.title.x = element_text(color = "black",face = "bold",
family = "Times",size = rel(1))) +
    theme(axis.title.y = element_text(color = "black",face = "bold",
family = "Times",size = rel(1))) +
    labs(title = "Volcano") +
    theme(plot.title = element_text(color = "red",family = "Times",
face = "bold",size = rel(2),hjust = 0.5)) +
    theme(legend.title = element_blank()) + #去掉图注标签
    theme(legend.text = element_text(face = "bold", family = "Times",
size = 10))
    #修改图例标签
volcano
ggsave("volcano.png")  #保存图片
```
优化后的火山图如图 6-18 所示。

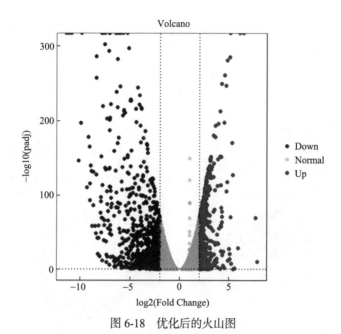

图 6-18　优化后的火山图

6.2.2　JavaScript 语言

1. JavaScript 语言简介

JavaScript 是一种基于对象、事件驱动的客户端脚本语言，具有相对安全性；同时，它也是一种 Web 开发中广泛使用的客户端脚本语言，经常用于向 HTML 页面添加动态功能。

2. JavaScript 典型应用

JavaScript 在 Web 浏览器中有很多典型的应用，其中包括：

(1) 通过文档对象模型动态处理网页。

(2) 在传输到服务器之前，表单输入的合理性检查(数据验证)。

(3) 显示对话框窗口。

(4) 无需浏览器重新加载页面即可发送和接收数据(Ajax)。

(5) 在用户输入时建议搜索字词。

(6) 提供横幅或自动收报机。

(7) 伪装电子邮件地址以打击垃圾邮件。

(8) 一次切换多个帧或从框架集中分离页面。

(9) 在浏览器中读取和写入 Cookie 和 Web 存储[7]。

3. JavaScript 的第三方库

作为一门编程语言，许多可视化图表是基于 JavaScript 的第三方库制作的，其中比较好用的包括 Chart.js、D3.js 和 Chartist.js 等，本书选取 Chartist.js 进行简单介绍。

Chartist.js 是一个简单的 JavaScript 动画库，可以用作前端图形生成器。其可视化结果示例如图 6-19 所示。

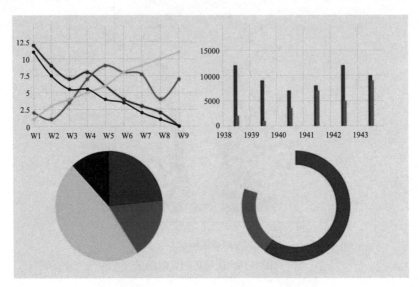

图 6-19　Chartist.js 可视化结果示例

在项目中导入 Chartist.js 库及其 CSS 文件后，用户便可以根据需要自行创建各种样式的图表(如动画等)或者利用可缩放矢量图形对图表进行动态渲染。

下面是利用 Chartist.js 库绘制饼状图的代码示例[8]：

```
<!DOCTYPE html>
<html>
<head>
    <link
href="https//cdn.jsdelivr.net/chartist.js/latest/chartist.min.cs
s" rel="stylesheet" type="text/css" />
    <style>
        .ct-series-a .ct-slice-pie {
            fill: hsl(100, 20%, 50%); /* filling pie slices */
            stroke: white; /*giving pie slices outline */
            stroke-width: 5px;  /* outline width */
        }
        .ct-series-b .ct-slice-pie {
            fill: hsl(10, 40%, 60%);
            stroke: white;
            stroke-width: 5px;
        }
        .ct-series-c .ct-slice-pie {
```

```
      fill: hsl(120, 30%, 80%);
      stroke: white;
      stroke-width: 5px;
    }
    .ct-series-d .ct-slice-pie {
      fill: hsl(90, 70%, 30%);
      stroke: white;
      stroke-width: 5px;
    }
    .ct-series-e .ct-slice-pie {
      fill: hsl(60, 140%, 20%);
      stroke: white;
    stroke-width: 5px;
      }
  </style>
   </head>
 <body>
   <div class="ct-chart ct-golden-section"></div>
   <script
src="https://cdn.jsdelivr.net/chartist.js/latest/chartist.min.js
"></script>
   <script>
     var data = {
         series: [45, 35, 20]
         };
     var sum = function(a, b) { return a + b };
     new Chartist.Pie('.ct-chart', data, {
       labelInterpolationFnc: function(value) {
        return Math.round(value / data.series.reduce(sum)  *
100) + '%';
        }
         });
   </script>
 </body>
 </html>
```

代码输出结果如图 6-20 所示。

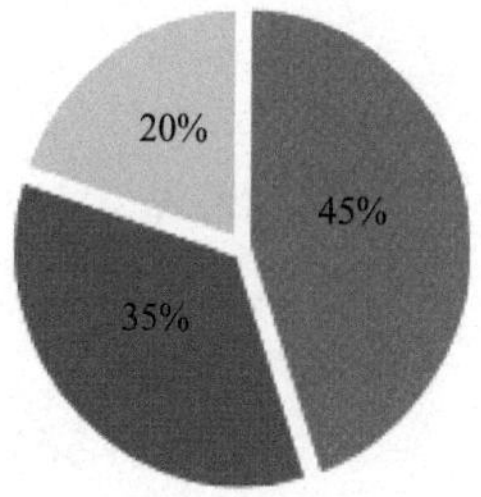

图 6-20　Chartist.js 饼状图示例

6.2.3　Processing 语言

1. Processing 语言简介

Processing 是一种面向对象的强类型编程语言，具备相关的集成开发环境。编程语言专注于图形、模拟和动画；该语言是 Java 编程语言的高度简化版本，允许对交互和可视元素进行编程，主要面向设计师、艺术家和新手程序员。

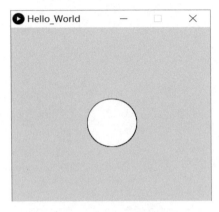

图 6-21　ellipse 绘制椭圆效果图

编程类库的应用领域主要是处理视频、图形、图形格式、声音、动画、排版、三维模型、数据访问、传输和网络协议。

2. Processing 语言的应用

在应用 Processing 时，会自动创建一个新的工程及一个新的 tab，此时该工程处于"暂存"状态，用户可以通过选择 tab 对该工程进行新建、重命名和保存等操作。下面介绍应用 Processing 绘制椭圆的可视化案例[9]。

首先，通过 ellipse 函数可以绘制椭圆，效果如图 6-21 所示。

具体实现代码如下：

```
//创建一个 400 像素*400 像素大小的窗口
size(400,400);
//四个参数分别代表圆心位置的 X 和 Y、椭圆的宽和高
ellipse(200,200,100,100);
```

在文本编辑器中输入代码后，单击运行(Run)图标，用户将会看到相应的效果图像。若没有，则消息传递区域会显示用户编写代码存在的错误。这时，用户要做的就是去修改代码，保证每一个符号都输入正确。

接着，就可以通过修改代码来进一步优化操作使椭圆具有更炫酷的可视化效果。具体实现代码如下：

```
void setup() {
    size(800, 800);  //编辑画布大小
}
void draw() {
  if (mousePressed) {
    fill(0);  //设置画笔颜色为黑色
    } else
    fill(255);  //设置画笔颜色为白色
    ellipse(mouseX, mouseY, 80, 80);  //绘制椭圆
}
```

其效果图如图 6-22 所示。

图 6-22 进击的椭圆效果图

6.2.4 Python 语言

1. Python 语言简介

Python 语言是吉多·罗森(Guido Rossum)在 1989 年创建的一种高级的、具有解释性的、可交互的并且面向对象的脚本语言。相对于其他编程语言,利用 Python 语言编写的程序更容易被使用者解读。它有更少的语法结构,没有对标点符号有强制性的规定而更倾向于通过英语关键字来进行编程。干净的语法、复杂的数据结构、多样的动态数据类型和丰富的支持库构成了 Python 语言这样一个应用于许多类型编程的非常高效的工具。其中 Python 语言支持的库包括用于图形用户界面开发的库,同时它还支持 XML、互联网协议、数据处理和网络服务以及对图像处理、数学和数据库访问。

2. Python 语言的特点

作为一种新的编程语言,Python 语言广泛应用于人工智能、自然语言生成、神经网络等计算机科学的高级领域。

在实际应用中,Python 语言不会将所有功能都保存在核心库中,而是将其设计为高度可扩展的各个模块。在提供编码方法选择的同时,Python 哲学拒绝使用丰富的语法(如 Perl 语言的语法)而选择更简捷的语法。正如 Alex Martelli 所说的那样:在 Python 文化中会以"聪明的"来形容一些东西,而这种形容并不是一种赞美。Python 语言拒绝 Perl 语言的"有不止一种方法可以做到这一点"的语言设计方法,而采用"应该有一个——最好只有一个——显而易见的方法"作为 Python 语言的语法规则。

3. Python 语言案例

Python 语言属于近年来比较流行的可视化编程语言,可以解决很多类型的可视化问题。

本书以简单的"画爱心表白"为例[10]，介绍 Python 语言的语法及在可视化方面的应用。

(1) 图形都是由一系列的点(x,y)构成的曲线，由于 x、y 满足一定的关系，所以就可以建立模型，建立表达式 expression。当满足 expression 时，两个 for 循环(for x in range；for y in range)就会一行一列地打印。

(2) Python 语言代码与注释如图 6-23 所示。

```
1  import time
2  words = input('Please input the words you want to say!:')
3  #例子：words = "Dear lili, Happy Valentine's Day!
4  #Lyon Will Always Love You Till The End! ♥ Forever! ♥"
5  for item in words.split():
6      #要想实现打印出字符间的空格效果，此处添加：item = item+' '
7      letterlist = []#letterlist是所有打印字符的总list，里面包含y条子列表list_X
8      for y in range(12, -12, -1):
9          list_X = []#list_X是X轴上的打印字符列表，里面装着一个String类的letters
10         letters = ''#letters即为list_X内的字符串，实际是本行要打印的所有字符
11         for x in range(-30, 30):#*是乘法，**是幂次方
12             expression = ((x*0.05)**2+(y*0.1)**2-1)**3-(x*0.05)**2*(y*0.1)**3
13             if expression <= 0:
14                 letters += item[(x-y) % len(item)]
15             else:
16                 letters += ' '
17         list_X.append(letters)
18         letterlist += list_X
19     print('\n'.join(letterlist))
20     time.sleep(1.5);
```

图 6-23　Python 语言代码与注释

(3) 试运行后的可视化结果如图 6-24 所示。

图 6-24　Python 程序可视化结果示例

(4) 修改代码(更改后的代码如图 6-25 所示)使结果可以以动态图呈现出来，动态结果的部分截图如图 6-26 所示。

```
import time
words = input('Please input the words you want to say!:')
for item in words.split():
    print('\n'.join([''.join([(item[(x-y) % len(item)] if
        ((x*0.05)**2+(y*0.1)**2-1)**3-(x*0.05)**2*(y*0.1)**3 <= 0 else ' ')
        for x in range(-30, 30)]) for y in range(12, -12, -1)]))
    time.sleep(1.5);
```

图 6-25　更改后的 Python 代码

图 6-26 Python 结果的动态图截图

6.3 案例——COVID-19 确诊、死亡、治愈人数统计

COVID-19 是指 2019 年新型冠状病毒感染导致的肺炎，这场大型的疫病使全球许多国家和地区的经济受到重创，感染人数的增加造成的影响也越来越严重。本案例收集了 2020 年 1 月 22 日到 2020 年 3 月 23 日不同国家和地区的 COVID-19 确诊、死亡、治愈人数，进行了相关统计分析。应用 Tableau 对受影响的人数进行可视化分析之后，用户既可以通过条件筛选的方式了解被选中国家最近的确诊、死亡、治愈人数，也能够清晰地观测到不同国家不同时间的受影响人数变化趋势。

本案例使用 Tableau public 工具，以"time_series_2019-ncov.xls"作为数据源，设计并创建"COVID-19 确诊、死亡、治愈人数统计"仪表盘[11]。

1. 连接数据源

启动 Tableau public 界面，单击左上方"连接"菜单下"到文件"选项中的"Microsoft Excel"选项，从弹出的窗口中找到数据源"time_series_2019-ncov.xls"，并将其导入至"工作簿"中，将数据源连接至 Tableau public 操作平台，如图 6-27 所示。

图 6-27 Tableau public 工作界面

2. 确定表间关系

这里对所选数据源中的三个工作表之间的关系进行编辑，通过共有字段来实现表间连接，具体操作步骤如下：

(1) 将图 6-28 左侧显示出的工作表拖拽到"将表拖到此处"的位置。

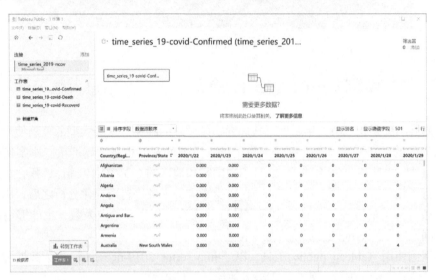

图 6-28　拖拽表的操作

(2) 将下一张表再度拖拽到"需要更多数据"处后，界面会弹出"编辑关系"对话框，单击选择"Country/Region"字段作为两表的连接字段，如图 6-29 所示。

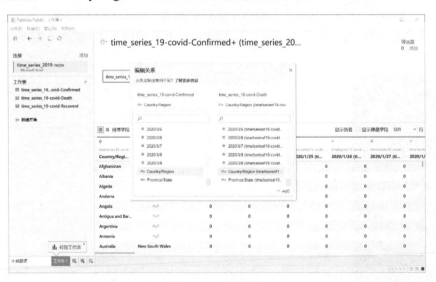

图 6-29　编辑关系

(3) 单击"关闭"按钮后界面内会出现"添加更多字段"的按钮，单击该按钮将"Province/State"的字段也作为两表的连接字段，如图 6-30 所示。

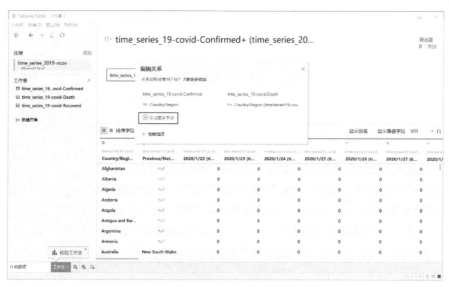

图 6-30　添加连接字段

(4) 最后一张表的操作与上一张表类似，添加连接字段之后单击"工作表 1"转到工作表。

3. 制作确诊、死亡、治愈人数条形图

这里以条形图的形式呈现各国(地区)各省(州)的确诊、死亡、治愈人数的数据，具体操作步骤如下：

(1) 单击下方"工作表 1"，将其改名为"确诊、死亡、治愈人数"。

(2) 以 2020 年 3 月 23 日的数据作为最新数据，将三张表中的 3 月 23 日的数据均拖拽至"列"，将左侧的"Country/Region"和"Province/State"的维度拖拽至"行"，如图 6-31 所示。

图 6-31　设置行列值

（3）拖拽左侧的"Country/Region"至"筛选器"，弹出筛选器的设置界面，取消对"Null"的选择，如图 6-32 所示。

图 6-32　筛选器的设置

（4）同样，拖拽左侧的"Province/State"至"筛选器"，弹出筛选器的设置界面，取消对"Null"的选择。

（5）右击"Country/Region"的筛选器，再单击"显示筛选器"选项，使筛选器出现在右侧，如图 6-33 所示。

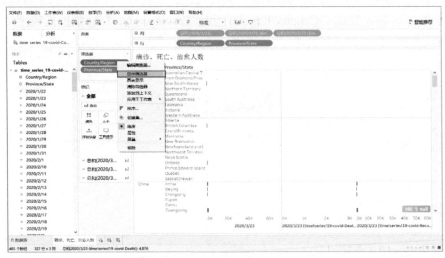

图 6-33　筛选器的显示

（6）单击显示出筛选器的右上角下拉菜单中的"单值(下拉列表)"选项，使筛选器以下拉列表的方式显示，如图 6-34 所示。

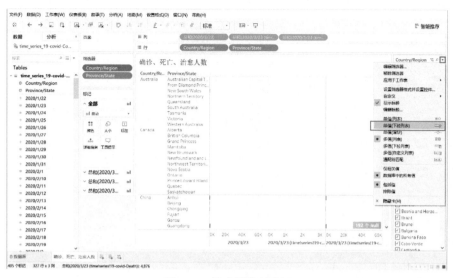

图 6-34　筛选器类型设置

(7) 依照步骤(5)、(6)对"Province/State"的筛选器进行同样的操作,在选择筛选器类型之后,单击下拉菜单中的"仅相关值"选项,使两个筛选器能够实现联动操作。

(8) 单击"标记"→"全部"中的"标签"选项,在弹出标签的设置界面中勾选"显示标记标签"复选框,如图 6-35 所示。

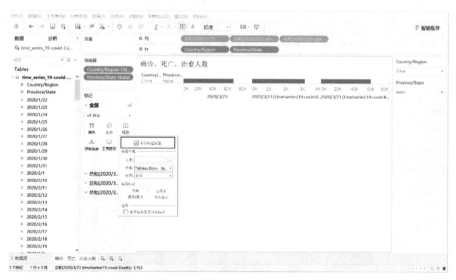

图 6-35　显示标记标签的设置

(9) 分别右击条形图中的数据条,选择"标记标签"→"始终显示"选项,使标签文本即人数显示在条形图右侧。

(10) 右击条形图的横轴,选择"编辑轴"选项,在弹出的编辑轴设置对话框中修改轴标题,将三个轴标题分别修改为"确诊人数"、"死亡人数"、"治愈人数"。在左侧的"标记"→"总和"→"颜色"中选择不同的颜色区别三类人数,最终结果如图 6-36

所示。

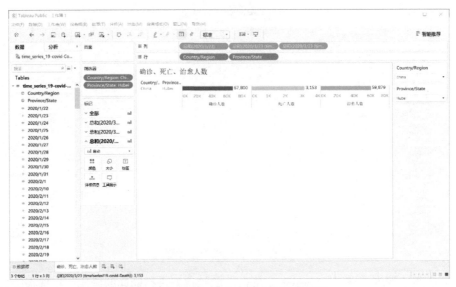

图 6-36　确诊、死亡、治愈人数条形图

4. 制作确诊人数的变化趋势图

这里以折线图的形式呈现各国(地区)在不同时期的确诊人数变化，具体操作步骤如下：

(1) 新建工作表并将该工作表命名为"确诊人数的变化趋势图"，将左侧"度量名称"拖拽至"列"，"度量值"拖拽至"行"，右击"度量值"选择"编辑筛选器"操作，如图 6-37 所示。

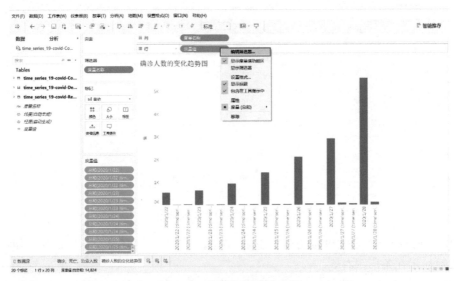

图 6-37　编辑度量值筛选器

(2) 在弹出的编辑筛选器对话框中选择属于工作表"time_series_19-covid-Confirmed"中

的日期数据，单击"确定"按钮保存设置。

(3) 发现所得的日期数据没有按日期来排列，因此右击左侧"度量名称"，选择"默认属性"下的"排序"选项，如图 6-38 所示。

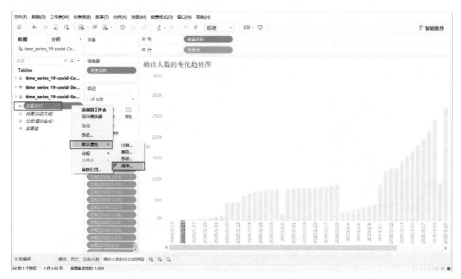

图 6-38　选择度量名称的排序

(4) 在弹出的排序设置对话框中选择"手动"排序，将日期按正确的日期顺序进行排序，如图 6-39 所示。

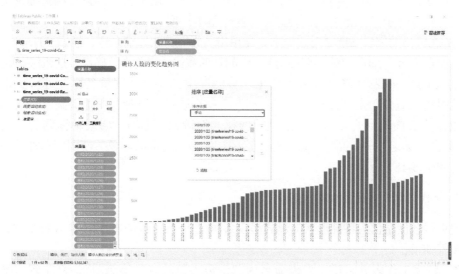

图 6-39　对日期进行正确排序

(5) 对日期进行正确排序之后单击"标记"→"自动"下拉列表框，选择其中的"线"选项，使图形以折线图的形式显示。右击纵轴选择"编辑轴"，修改轴标题为"确诊人数"。单击"标记"→"颜色"选择与条形图相匹配的合适的颜色，使图形更加美观，最终结果如图 6-40 所示。

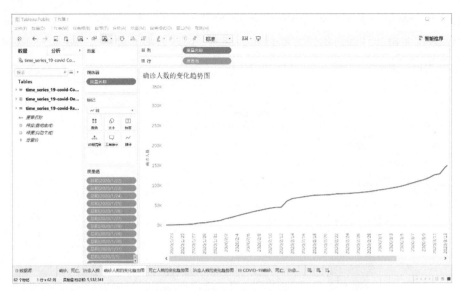

图 6-40　确诊人数的变化趋势图

5. 制作死亡人数的变化趋势图

这里以各度量值为实心圆的形式呈现各国(地区)在不同时期的死亡人数变化,具体操作步骤如下:

(1) 新建工作表并将该工作表命名为"死亡人数的变化趋势图",将左侧"度量名称"拖拽至"列",将"度量值"拖拽至"行",右击"度量值"选择"编辑筛选器"操作,同"4. 制作确诊人数的变化趋势图"操作基本一致。

(2) 在弹出的编辑筛选器对话框中,先单击"无"按钮取消全选,搜索"Death"选择属于工作表"time_series_19-covid-Death"中的日期数据,再单击"确定"按钮保存设置。

(3) 由于"4. 制作确诊人数的变化趋势图"中已经对"度量名称"进行了正确排序,此时可以直接单击"标记"→"自动"下拉列表框,选择其中的"圆"选项,使各度量值以实心圆的形式显示。右击纵轴选择"编辑轴"选项,修改轴标题为"死亡人数"。单击"标记"→"颜色"选择与条形图相匹配的合适的颜色,使图形更加美观,最终结果如图 6-41 所示。

6. 制作治愈人数的变化趋势图

这里以各度量值为特殊形状的形式呈现各国(地区)在不同时期的治愈人数变化,具体操作步骤如下:

(1) 新建工作表并将该工作表命名为"治愈人数的变化趋势图",将左侧"度量名称"拖拽至"列",将"度量值"拖拽至"行",右击"度量值"选择"编辑筛选器"操作,同"4. 制作确诊人数的变化趋势图"的操作基本一致。

(2) 在弹出的编辑筛选器对话框先单击"无"按钮取消全选,搜索"Recoverd"选择属于工作表"time_series_19-covid-Recoverd"中的日期数据,单击"确定"按钮保存设置。

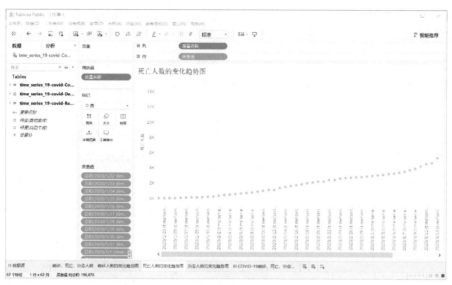

图 6-41　死亡人数的变化趋势图

(3) 由于"4. 制作确诊人数的变化趋势图"已经对"度量名称"进行了正确排序，此时可以直接单击"标记"→"自动"下拉列表框，选择其中的"形状"选项，在下面的标签选项卡中修改形状使各度量值以"*"的形式显示。右击纵轴选择"编辑轴"选项，修改轴标题为"治愈人数"。单击"标记"→"颜色"选择与条形图相匹配的合适的颜色，使图形更加美观，最终结果如图 6-42 所示。

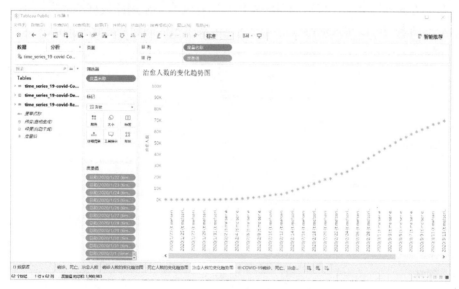

图 6-42　治愈人数的变化趋势图

7. 定制动态仪表板

这里结合前几步所设计的视图，制作一个受 COVID-19 影响的全球各个国家、地区确诊、死亡、治愈人数的动态仪表板，增强信息展示的可视化效果，具体步骤如下：

(1) 新建仪表盘,将其命名为"COVID-19 确诊、死亡、治愈人数统计",根据需求设置仪表盘大小。

(2) 将之前设计的四张表拖入仪表盘操作界面,选择图表右上方下拉菜单,将四张表以及所涉及的筛选器分别设置为"浮动",如图 6-43 所示。

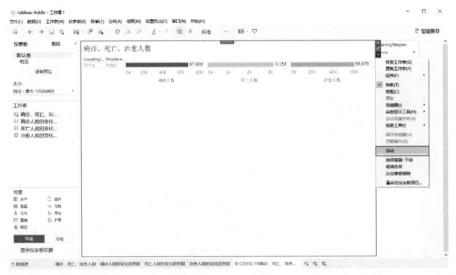

图 6-43　设置为浮动

(3) 单击"确诊、死亡、治愈人数"视图中两个筛选器"Country/Region"、"Province/State"右上方的下拉菜单,将筛选器的应用范围修改为"使用此数据源的所有项",使仪表盘中全部图表均可以在筛选器选定项的变化下发生不同的趋势变化,如图 6-44 所示。

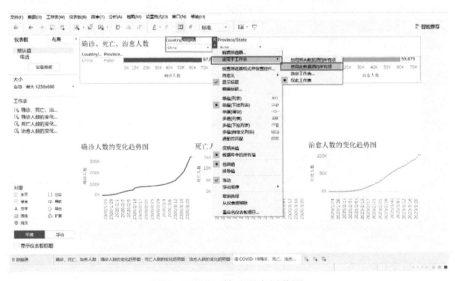

图 6-44　设置筛选器应用范围

(4) 依据美学原理对仪表板中各视图的位置及尺寸进行调整,并在仪表盘中添加文本图层(图 6-45)同时编辑文本(图 6-46)。之后新增图像图层(图 6-47),增强仪表盘的美观性。

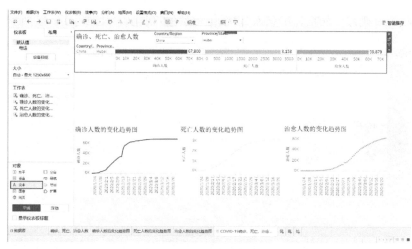

图 6-45　添加文本

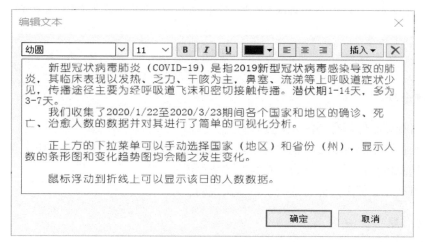

图 6-46　编辑文本

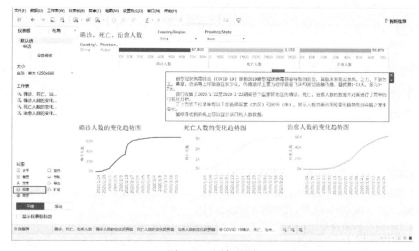

图 6-47　添加图片

"COVID-19 确诊、死亡、治愈人数统计"最终可视化效果图如图 6-48 所示。

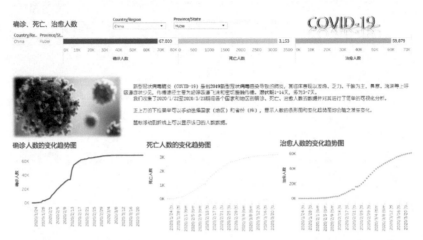

图 6-48 "COVID-19 确诊、死亡、治愈人数统计"最终效果图(这里的 K 指千)

6.4 习题与实践

1. 概念题

(1) 可视化软件都有哪些分类方式?
(2) 根据列出的科学可视化软件工具,总结概括出科学可视化软件的功能或应用。
(3) 信息可视化工具可分为哪几类?请举例说明。
(4) 可视化编程工具都有哪些?请举例说明。

2. 操作题

(1) 以小组为单位,每人在 Google Public DE 中找到一个感兴趣的话题数据,选择一种自己喜欢的可视化方法在小组内进行交流展示。

(2) 参照 6.2 节介绍的其他编程语言的操作案例,选择自己感兴趣的语言,进行可视化练习。

(3) 参照 6.3 节可视化案例,根据提供的资料,用 Tableau public 软件制作"中国教育水平发展指标历史数据统计"可视化动态仪表盘(参考资料:"中国教育水平发展指标历史数据统计.xls"[11])。

参 考 文 献

[1] 陈为, 张嵩, 鲁爱东. 数据可视化的基本原理与方法[M]. 北京: 科学出版社, 2013.

[2] 快乐的毛里里. CiteSpace 能满足什么需求?如何利用检索后得到的文献? [EB/OL]. https://www.zhihu.com/question/27463829/answer/284247493[2020-2-14].

[3] 陈悦. 引文空间分析原理与应用[M]. 北京: 科学出版社, 2018.

[4] 赵琦, 张智雄, 孙坦. 文本可视化及其主要技术方法研究[J]. 数据分析与知识发现, 2008, 24(8): 24-30.

[5] Munzert S, Rubba C, Meipner P, et al. 基于 R 语言的自动数据收集[M]. 北京: 机械工业出版社, 2016.

[6] zoufuxian. R 语言数据可视化——火山图[EB/OL]. https://mp.weixin.qq.com/s/ipc_nnJLhvCyymqBk9aLyw [2020-3-11].

[7] Thomas S A. JavaScript 数据可视化编程[M]. 翟东方, 张超, 刘畅, 译. 北京:人民邮电出版社, 2017.

[8] 上海软件开发. 3 个顶级开源 JavaScript 图表库，前端程序员必备! [EB/OL]. http://blog.sina.com.cn/s/blog_139dc992c0102xurg. html [2020-1-10].

[9] 升卿. Processing 入门基础【秒懂小白篇】. https://www.cnblogs.com/shengqing/p/12181997.html[2020-3-10].

[10] 顾茜 1208. 新手学 Python 必看的几个练手小项目，轻松不枯燥哦! [EB/OL]. https://www.cnblogs.com/l520/p/10254905.html[2020-6-6].

[11] 沈浩. 触手可及的大数据分析工具 Tableau 案例集[M]. 北京: 电子工业出版社, 2015.

第7章 时空、地理可视化

本章介绍时空、地理数据的可视化方法。首先从时序数据开始,分别对时序数据的概念、基本可视化方法以及流数据的可视化方法进行阐述。然后介绍空间数据的可视化,分标量、向量、张量数据分别进行阐述,其中标量数据又按照其维度分别展开介绍。最后介绍地理数据的可视化,从地图投影入手,进而对点、线、区域数据的可视化方法进行阐明。

7.1 时序数据可视化

本节首先介绍时序数据的基本概念,然后介绍时序数据的可视化方法,最后针对流数据给出其特殊的可视化方法。

7.1.1 时序数据的基本概念

时序数据是指随时间变化、带有时间属性的数据[1]。时序数据在应用层面分布范围广且类型丰富,主要分为以下两类:

(1) 以时间为变量的数据,即时间序列数据,如监控数据、股票交易数据等。

(2) 不以时间为变量但具有内在顺序的数据,如文本数据、DNA 数据等。

可以看出,时序数据均可映射到时间轴上,可以按照时间序列数据进行后续分析处理,因此在本章不再区分时序数据与时间序列数据。

1. 时间的属性

时间具有如表 7-1 所示的属性。

表 7-1 时间的属性

属性	具体含义
有序性	两个事件的发生在时间上有先后次序,时间的顺序和事件的发生有关系
连续性	两个时间点内总存在另一个时间点
周期性	为了具有循环规律,可以采用循环的时间域
独立性	时间独立于空间,虽然时间和空间紧密关联,但是在现实中大多数科学过程问题将时间和空间独立处理
结构性	时间的尺度分为年、月、日、小时、分钟、秒等

从数据中提取出的数据规律、趋势、模式等信息称为数据特征。按时间变化规律,数据特征可以分为常规、周期和随机三种。

(1) 常规特征：在三维空间中稳定地移动或形变，其变化趋势既不剧烈，也不呈现周期性。

(2) 周期特征：出现和消失带有周期性，或沿着周期性路径进行移动。

(3) 随机特征：变化规律较为随机，在湍流模拟中较为常见。

2. 时序数据的可视化方法

分析时序数据可以通过统计、数据分析等方法进行，也可采用数据挖掘方法进行模式提取、特征预测等。采用合适的可视化方法来展现时序数据及其分析后的结果，能有效揭示数据中与时间相关的规律。

时序数据的可视化方式可大致分为以下两类：

(1) 采用静态方式，表示数据中记录的内容。

(2) 采用动态方式，表示数据随时间变化的规律和过程。

7.1.2　时序数据的可视化方法

针对时序数据，一般的可视化方法是将数据绘制成线图，横坐标表示时间，纵坐标表示其他变量。图 7-1 描绘了 1997~2015 年上证指数随时间的变化趋势，横轴代表时间，纵轴代表指数值。

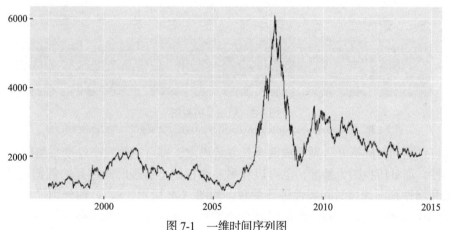

图 7-1　一维时间序列图

图片来源：http://quant.dataguru.cn/thread-354076-1-1.html

这种一般性的时间序列图能够很好地显示变量随时间的变化情况，但对于分析时序数据的某些特征属性时，这种方法将不再适用，针对时序数据的特性，本书给出如下几种可视化方法。

1. 周期时间可视化

当分析时序数据的周期性时，推荐使用螺旋图，时间按圆形排列，一圈代表一个周期。图 7-2 是 1978 年美国每天出生人数的螺旋图，用颜色的深浅表示人数的多少，图 7-2(a) 以 20 天为周期，图 7-2(b) 以 21 天为周期，可以看到将周期从 20 天调到 21 天后，出现明显的周期性。因此，选择正确的排列周期可以展现数据集的周期性特征。

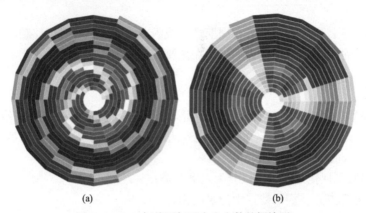

(a)   (b)

图 7-2   1978 年美国每天出生人数的螺旋图

图片来源：https://iknow-pic.cdn.bcebos.com/08f790529822720e5d3409846bcb0a46f31fabd2

2. 日历可视化

在日常生活中，将时间分为年、月、周、日等层次。因此，采用日历的形式表达时间属性符合日常习惯。图 7-3 展示了一种常见的日历视图，颜色从浅到深表示日常航班数量的从少到多。

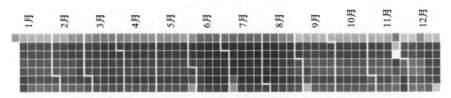

图 7-3   航班日历视图

图片来源：https://iknow-pic.cdn.bcebos.com/63d9f2d3572c11dfdba02c43732762d0f703c259

若将日期和时间拆开分别看成两个独立的维度，则可用第三个维度来编码与时间相关的属性，以日历视图为基准，也可以在另一个视图上展现时间序列的数据属性[2]，日历视图和属性视图通过时间属性进行关联。如图 7-4 所示，x、y 轴分别代表日期、时间，高度代表耗电量，这幅图既能呈现全年的耗电量情况，又能观察到每日耗电量的周期性特征。

3. 时间线可视化

时序数据中的信息可能存在分支结构，基于时间线的可视化方法可以阐述事件随时间变化而变化的情况，这种方法常被企业应用，如新产品的推介、月报/年报的展示等。

4. 动画显示法

动画显示法是指逐帧播放时序数据的图表，以展现时序数据的变化趋势。通常在动画中数据时间段均匀地映射到播放时间段，如采样间隔 1h，总共 48h 的气象数据可以用半秒钟更新一帧的速度在 24s 内播放。自动播放的缺点是用户缺乏对可视化的控制，无

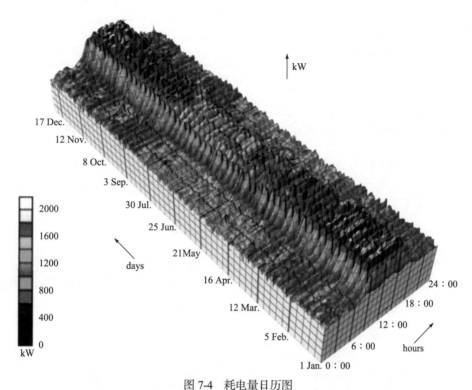

图 7-4   耗电量日历图

图片来源：https://www.sohu.com/a/137976648_628522 (有微调)

法对感兴趣的数据进行重点观察。因此，可以在动画播放中加入暂停、快进、慢进等功能，或用时间条让用户任意掌握播放进度。

5. 邮票图表法

邮票图表法是指按时间点展示时序数据的图表，并在一个平面内将这些图表按顺序展示。这种方法既可以表示时序数据的全局信息，也可以表示每个图表的细节信息。读者只需要熟悉一个小图的地理区域和数据显示方法，便可以类推到其他小图上。

7.1.3   流数据可视化

流数据是一种特殊的时序数据，该数据由一个及以上"连续数据流"构成，常见的流数据包括日志数据、社交网络数据等。

1. 流数据可视化模型

图 7-5 为 Rajaraman 等提出的流数据可视化模型[3]，将不同的处理方法封装在名为流处理器的黑匣子里，流数据进入流处理器，经整理后大部分原始数据保存在归档数据库中，另一部分关键数据保存在可视化数据库中，关键数据进入可视化处理器，经一系列可视化过程后呈现给用户的是可视化输出。用户交互则包含以下三个部分：

(1) 对可视布局的基本交互。

(2) 对输出内容的可视检索。

(3) 自定义的数据定制。

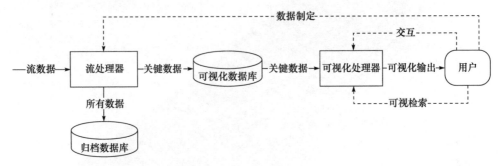

图 7-5　流数据可视化模型

图 7-6 为 Urbanek 提出的流数据分析流水线，数据流通过时间分割、聚类(聚合)、空间分割等方法后进行摘要统计，形成一个统计模型或分析模型。图 7-5 和图 7-6 的模型实际上是一致的[4]。

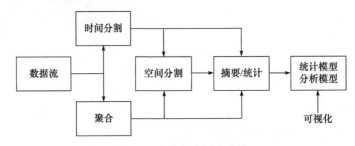

图 7-6　流数据分析流水线

2. 流数据处理技术

流数据挖掘的方法有很多，本节只关注窗口技术、相似性计算和符号累积近似三种方法。

1) 窗口技术

通过窗口在数据的时间上进行限定，关注所需的部分数据，即窗口技术。

(1) 滑动窗口：滑动窗口是指在时间轴上滑动的窗口，挖掘的对象限定为窗口内的数据[5]。

(2) 衰减窗口：衰减窗口中每个数据项都被赋予一个衰减因子，离窗口越远的数据权重越低[6]。

(3) 时间盒：时间盒是一种交互技术，可以通过时间盒框选数据进行联合搜索[7]。

2) 相似性计算

时序数据的相似度主要包括四类：基于形状的相似度、基于特征的相似度、基于模型的相似度和基于压缩的相似度。对于两个时序数据(A:1,1,1,10,2,3 和 B:1,1,1,2,10,3)，序列间的相似性即两个序列间的距离，通常采用欧氏距离，这两个看似很相似的序列的欧氏距离非常大，为了解决类似的问题，Bellman 等提出了动态时间扭曲的方法[8]，这一方法在语音识别领域得到了广泛应用。

3) 符号累积近似

符号累积近似是一种针对时序数据的符号表达。数据经符号累积近似后转化为字符串，可以加快相似性计算等操作的实现速度[9]。

7.2　空间数据可视化

本节主要介绍空间数据的可视化方法，分为标量数据可视化、向量数据可视化、张量数据可视化，7.2.1 节~7.2.3 节主要介绍一维、二维、三维数据(都为标量)的可视化，向量数据可视化、张量数据可视化分别在 7.2.4 节和 7.2.5 节进行介绍。

7.2.1　一维数据可视化

一维空间数据是指沿空间内的某一方向采集到的数据，如不同海拔的温度、压强等。由于在数据采集阶段无法获得整个连续定义域内的数值，因此需要采用插值法重建相邻离散数据点间的信号。一维空间数据的可视化通常采用二维坐标图，如图 7-7 所示，绘制了大气表面温度随纬度变化的情况，横轴代表纬度，纵轴代表大气表面温度(单位为℃)。

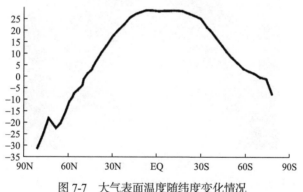

图 7-7　大气表面温度随纬度变化情况

图片来源：http://scuvis.org/2019/07/19/zju2019vis-10 (有微调)

在绘制坐标图时有几个需要注意的问题。

1. 数据转换

对输入数据进行数据转换，使得新变量可以更清晰地表达数据的潜在特征。常用的数据转换分为两类，即统计变换和数学变换。

(1) 统计变换：作用于数据整体，包括均值、中间值、排序和推移等方法。

(2) 数学变换：作用于单个数据点，包括对数函数、指数函数、三角函数、幂函数等方法。

2. 坐标轴变换

在二维平面内水平轴表示样本的空间坐标,垂直轴表示样本的取值。坐标决定了图中数据点的分布,适时对数据进行坐标轴转换,可以更清晰地表达数据的特征。

7.2.2 二维数据可视化

二维空间数据的可视化更为常见,如 X 光片、等高线地图等,常见的二维空间数据可视化方法有四种:颜色映射法、等值线提取法、高度映射法、标记法。

1. 颜色映射法

医院中的 X 光片是最常见的灰度映射图,如图 7-8 所示,穿透空气、结缔组织、肌肉组织的 X 光较多,被映射为黑色;穿透骨骼的 X 光较少,被映射为白色。

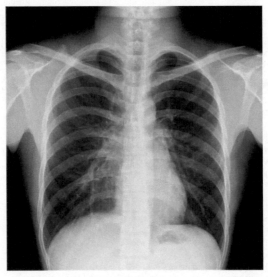

图 7-8　肋骨的 X 光片

图片来源:http://bug.365heart.com/Upload/newsimg/20180405170351805180.jpg

此外,还可采用通过色彩差异传递数据信息的彩色映射法,例如,常见的气象卫星地表温度图,其使用不同的颜色区分不同的温度数值区间。灰度映射与彩色映射统称为颜色映射,使用颜色映射法需要建立一张将数值转换成颜色的映射表,然后根据采样点的数值检索颜色映射表并显示出相应的颜色。

2. 等值线提取法

通过颜色映射法可以表示数据的整体信息,等值线提取法则能够表示数据中的单个特征,如等高线、等压线和等温线等。如图 7-9 所示的等高线图,数字表示海拔,同一条线上的海拔相同,通过等高线图可以看出地形陡峭程度、走势以及二者之间的关系,可以用于寻找坡、峰、谷等地点。

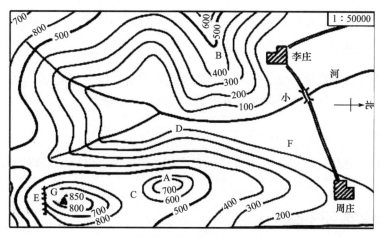

图 7-9 某地的等高线图

图片来源：https://picflow.koolearn.com/upload/2014-12/09/668f9fdd-233e-4730-abcc-2d7f2d945c6a/paper.files/image001.png

假设 $f(x, y)$ 是在点 (x, y) 处的数值，所有在二维数据场中满足 $f(x, y) = c$ 的点按照一定顺序连接而成的线即等值线，该等值线将空间场分为两部分：$f(x, y) < c$，该点在等值线内；$f(x, y) > c$，该点在等值线外。

假设等值为 x，首先在空间中找到一个 x 的位置，然后从该点所在的一条四边形边界出发，追踪到这个四边形的另一条边界上的等于 x 的点，如此循环直到回到起点或出离边界，完成一条值为 x 的等值线的追踪。由于不清楚等值点在整个数据空间中的分布，需要遍历所有四边形的边界以便找到数据空间中的所有等值线。图 7-10 为值为 5 的等值线。

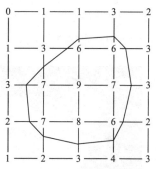

图 7-10 值为 5 的等值线

提取等值线常采用移动四边形法，其基本思路是：逐个处理二维空间标量场中的网格，仅考虑顶点数值和等值的大小关系，通过插值法计算等值线与网格边缘的交点，将各交点按一定顺序连接，形成等值线。在一个四边形中的等值线结构只有有限种类别，如图 7-11 所示。

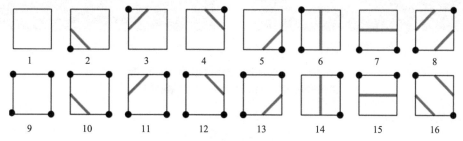

图 7-11 移动四边形法的 16 种连接方式

图片来源：2019 浙江大学可视化暑期学校

从图 7-11 可以发现，有些情形是相似的或者对称的，如第 2、3、4、5、10、11、12

和 13 种情形可以通过变换归为一类，减少了等值线的构成种类。

3. 高度映射法

高度映射法又称高度图法，它可以将数据值转换成二维平面坐标上的高度信息并呈现出来，对高度图还可增加阴影以增强高度图的位置感知能力。

4. 标记法

标记法可以直接针对数据进行可视化表达，无须插值，可以通过标记的大小、形状和颜色等元素呈现。

7.2.3　三维数据可视化

三维数据的获取方式分为两类，即采集设备获取或者计算机模拟，如计算机断层扫描、磁共振成像等。三维数据的本质还是一个对连续信号采样形成的离散数据场，其中每个采样点上的数据类别可分为标量、向量、张量三类，本节主要讨论三维标量场的可视化方法，向量场、张量场将在 7.2.4 节和 7.2.5 节进行介绍。

类似于二维数据的等值线提取法和颜色映射法，三维数据的可视化最常用的方法有两类，即等值面提取法和直接体绘制法，如图 7-12 所示，图 7-12(a)是等值面提取，图 7-12(b)是直接体绘制。

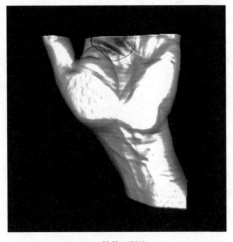 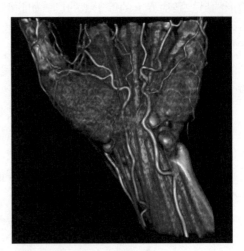

(a) 等值面提取　　　　　　　　　　(b) 直接体绘制

图 7-12　三维计算机断层扫描数据可视化

图片来源：2013 年浙江大学数据可视化暑期研讨会

1. 等值面提取法

等值面提取是一种使用广泛的三维数据可视化方法，从三维标量场中抽取满足 $f(x, y, z) = c$ 的所有位置并重建空间曲面，即空间中阈值为 c 的等值面，其中，x、y、z 为空间位置，c 为阈值。图 7-13 为阈值为 60 时提取的等值面。

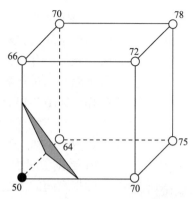

图 7-13　阈值为 60 时提取的等值面

图片来源：2019 浙江大学可视化暑期学校

等值面是等值线在三维上的推广，对应于移动四边形法，采用移动立方体法提取等值面。在三维规则网格中，空间被分成单元立方体，根据每个顶点和等值的大小关系，三维等值面在单元立方体中的结构可分为 256 种，通过旋转和对称等变换将 256 种情形归结为 15 种情形[10]，如图 7-14 所示。

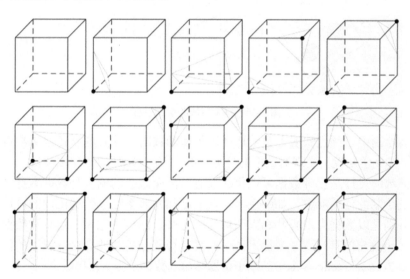

图 7-14　移动立方体法

图片来源：2019 浙江大学可视化暑期学校

2. 直接体绘制法

直接体绘制是探索、浏览和展示三维标量数据最常用且最重要的可视化方法，使得用户直观方便地理解三维空间场内部感兴趣的区域和信息。直接体绘制直接对三维数据场进行变换、着色，进而生成二维图像。整个流程包含一系列三维重采样、数据值到视觉属性(颜色和不透明度)的映射、三维空间向二维空间映射和图像合成等复杂技术。

直接体绘制的本质是将三维数据投影到二维，直接体绘制可分为图像空间法和数据空间法两种。

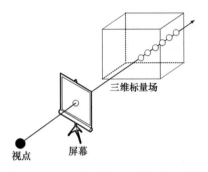

图 7-15 基于光线投射法的体绘制示意图

1) 图像空间法

图像空间法，对每个像素，从视点到像素之间连一条线，并将这条线投射到数据空间，在这条线的路径上进行数据采样、重建、映射和着色等操作。如图 7-15 所示，线从视点出发，穿过屏幕像素，与三维标量场的几何空间相交。在三维标量场内，小圆点表示沿线的采样点。

2) 数据空间法

数据空间的体绘制方法以三维空间数据场为处理对象，从数据空间出发向图像平面传递数据信息，累积光亮度贡献。如图 7-16 所示的掷雪球法，将数据点想象成雪球，数据向投影平面投影的过程想象成将雪球掷到平面上形成二维雪片，当所有网格上的雪球都被掷到投影平面后，叠加所有雪片密度得到整体密度。

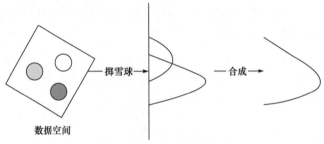

图 7-16 掷雪球法的绘制过程

直接体绘制中，颜色映射方案的选择即传递函数的设计问题，传递函数将数据值映射为有意义的光学属性，实现对数据的分类，揭示空间数据场的内部结构。

传递函数的设计是三维数据可视化的核心。传递函数的输入是数据本身，它的输出可以是影响绘制的任何参数，如颜色、不透明度和光照系数。传递函数的设计方法主要有两种，分别是以数据为中心[11]和以图像为中心[12]。随着数据量的增长和数据多元化，为了使传递函数简单直观，学者提出了一些具有智能分析功能和交互界面的传递函数设计方法。图 7-17 为 Tzeng 等提出的基于机器学习的数据分类方法[13]。

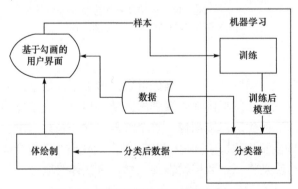

图 7-17 基于机器学习的数据分类方法

7.2.4　向量数据可视化

向量数据可视化的主要目标是：展示场的导向趋势信息、表达场中的模式和识别关键特征区域。向量场数据可视化的方法有很多，本节主要介绍标记法、积分曲线法、纹理法和拓扑法四种[14]。

1. 标记法

标记法是最简单的，它们直接显示数据空间内各点的向量信息，如图 7-18(a)所示。箭头的指向代表方向，长度代表大小。图标的形状、大小、颜色等可用来表示其他信息。常用的标记有线段、箭头或三角图符等。

2. 积分曲线法

积分曲线法使用积分曲线揭示向量场的内在特征和性质，如图 7-18(b)所示。

3. 纹理法

在复杂向量场中使用积分曲线法可能会产生视觉混淆和结果丢失，最终导致关键特征被掩盖和不完整。以纹理图像的形式表示向量场的信息，能够有效弥补积分曲线法的上述缺陷，揭示向量场的关键特征和细节信息，如图 7-18(c)所示。

4. 拓扑法

拓扑法能够有效从向量场中抽取主要的结构信息，适用于任意维度、离散或者连续的向量场，如图 7-18(d)所示。

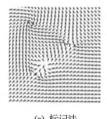   

(a) 标记法　　　　　(b) 积分曲线法　　　　　(c) 纹理法　　　　　(d) 拓扑法

图 7-18　向量数据可视化的四种方法

图片来源：2013 年浙江大学数据可视化暑期研讨会

7.2.5　张量数据可视化

张量是矢量的推广：标量可看成 0 阶张量，向量可看成 1 阶张量。扩散张量成像数据是张量场数据的典型代表，本节以扩散张量成像数据为例，介绍张量场的可视化方法。它的原始数据是在不同磁场梯度方向上的扩散加权图像。这些图像中的信号代表生物组织中水分子在某点上沿某方向扩散的速度。可以用它们来计算扩散张量：

$$A(q) = \exp(-tq^{\mathrm{T}}Dq)$$

其中，q 是磁场梯度方向；$A(q)$ 是在 q 方向上的扩散加权图像值；D 是扩散张量；t 是扩散时间。三维空间中的扩散张量可以用一个 3×3 的正定对称矩阵来表示：

$$D = \begin{bmatrix} D_{xx} & D_{xy} & D_{xz} \\ D_{xy} & D_{yy} & D_{yz} \\ D_{xz} & D_{yz} & D_{zz} \end{bmatrix}$$

其中，矩阵的特征向量和特征根代表了水分子的高斯分布，特征根的值和坐标系无关，而与水分子扩散的物理性质相关。在几何上，可以用特征向量和特征根构建一个几何形状表示高斯分布的形状。样本的结构会影响水分子扩散的速度，因此不同的生物组织中会有不同的几何形状。

本节介绍三种张量场可视化方法：标量指数法、张量标记法、纤维追踪法。

1. 标量指数法

标量指数法将每一个张量转化为一个标量，之后用标准的标量场可视化方法显示。常用的标量指数主要衡量扩散过程的两个物理性质，即各向异性和扩散速度，如线性各向异性 $\dfrac{\lambda_1 - \lambda_2}{\lambda_1 + \lambda_2 + \lambda_3}$ 和分数各向异性 $\sqrt{\dfrac{3}{2}} \dfrac{\sqrt{(\lambda_1 - \lambda)^2} + \sqrt{(\lambda_2 - \lambda)^2} + \sqrt{(\lambda_3 - \lambda)^2}}{\sqrt{\lambda_1^2 + \lambda_2^2 + \lambda_3^2}}$ 代表扩散过程的各向异性，而平均扩散度 $\dfrac{\lambda_1 + \lambda_2 + \lambda_3}{3}$ 则代表扩散的平均速度。这里 λ_1、λ_2、λ_3 代表对称正定矩阵 D 从大到小的三个特征根。直接体绘制可直接应用于标量指数的三维分

图 7-19 对分数各向异性指数的体绘制
图片来源：2013 年浙江大学数据可视化暑期研讨会

布。图 7-19 显示了一个大脑核磁共振扩散张量场中对分数各向异性指数的体绘制，其中，不同的各向异性值被映射为不同的颜色。

2. 张量标记法

张量标记法是指通过标记同时显示张量维度上的信息，张量图标标记了张量的特征向量和特征值，特征向量对应图标轴的方向，特征值对应图标轴的长短，常用椭球体、立方体、圆柱体和超二次图标等作为张量图标[15]。

3. 纤维追踪法

纤维追踪法将张量场简化为向量场进行可视化。特征值最大的方向往往代表着最重要的变化趋势，不断跟踪特征值最大的特征向量，像追踪纤维一样进行可视化。

7.3 地理数据可视化

地理数据可视化是日常生活中最常见的可视化，本节从地图投影开始，进而介绍点型、线型、区域数据的三类地理数据可视化方法。

7.3.1　地图投影

地理空间数据通常从真实世界中采样和获得，空间数据以离散的形式记录和描述了空间中连续的物理、化学、环境、社会和经济现象，例如，全球气候、环境客户分析、电话记录、经济和社会数据、信用卡记录和犯罪数据，所有与地理信息有关的应用都需要以地图为载体对信息进行组织、处理和呈现。

大部分地理数据的空间区域属性可以在地球表面(二维曲面)中表示和呈现。地图投影是指把地理信息数据投影到地球表面(二维物理空间)。地图投影将地理信息凝聚到点、线和面等几何元素上，并根据这些几何元素的特征将其投射到统一的空间坐标系统。

地图投影是地理空间数据可视化的基础，其主要目的是将球面映射到某种曲面上，将球面上的每一个点与平面某点建立对应关系，即实现球面的参数化。地图投影的投影对象的类型通常有以下三种。

(1) 圆柱：常用的投影方式是从地球球心出发，将球面上的点向外发射一条射线，与包围球面的圆柱曲面的交点是对应的投影点，如图 7-20(a)所示。在圆柱面上，经度和纬度相互垂直。

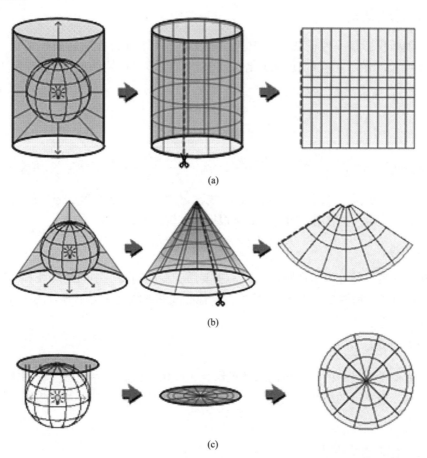

(a)

(b)

(c)

图 7-20　投影对象的三种类型

图片来源：https://geoawesomeness.com/top-7-maps-ultimately-explain-map-projections

(2) 圆锥：将地球球面投影到一个和球面相切的圆锥面上，如图 7-20(b)所示。纬度呈现为围绕投射中心的同心圆弧，经度呈现为从投射中心发出的直线。

(3) 平面：地球球面和平面相交于切点处，如图 7-20(c)所示。球面上的点被投影到和该球面垂直的平面上。

地图投影的定义域是[–90°, 90°]，其中，经度 λ 的取值范围[–180°, 180°]，正值对应东部，负值对应西部。纬度 φ 的取值范围为[–90°, 90°]，正值对应北半球，负值对应南半球。

下面简介几种常用的地图投影方法。

1. 墨卡托投影

墨卡托投影又称正轴等角圆柱投影，将经线均匀地映射成一组垂直的直线，将纬线映射成一组平行的水平线。墨卡托投影中将经纬度 λ、φ 转换为坐标的公式为[16]

$$x = \lambda - \lambda_0$$

$$y = \ln\left(\tan\left(\frac{\pi}{4} + \frac{\varphi}{2}\right)\right) = \ln\left(\tan\varphi + \sec\varphi\right)$$

2. 亚尔勃斯投影

亚尔勃斯投影是一种正轴等面积割圆锥投影。为了保持投影后面积不变，在投影时将经纬线长度做了相应的比例变化。亚尔勃斯投影中将经纬度 λ、φ 转换为坐标的公式为[16]

$$x = \rho \sin\theta$$

$$y = \rho_0 - \rho \cos\theta$$

其中，$\theta = n(\lambda - \lambda_0)$，$\rho = \dfrac{\sqrt{C - 2n\sin\varphi}}{n}$，$\rho_0 = \dfrac{\sqrt{C - 2n\sin\varphi_0}}{n}$，$n = \dfrac{1}{2}(\sin\varphi_1 + \sin\varphi_2)$，$C = \cos^2\varphi_1 + 2n\sin\varphi_2$。$\lambda_0$ 为基准的中央经线，φ_0 为坐标起始纬度，φ_1、φ_2 分别代表第一、第二标准纬线，在应用投影时，需要根据区域设定参数。

3. 哈默投影

哈默投影是一种等面积伪圆柱投影，主要用于专题制图。中间的经线和纬线是两条互相垂直的直线，纬线是经线的 2 倍长，其他经线和纬线则成为不等分的曲线，用椭圆表示地球。

4. 摩尔威德投影

摩尔威德投影是一种等面积伪圆柱投影，主要用于绘制世界地图。它用椭圆表示地球，所有和赤道平行的纬线都被投影成平行的直线，所有经线被平均地投影为椭球上的曲线。

7.3.2 点型数据可视化

点数据本身是离散的数据，可用于描述连续的现象，如气温测量数据。常采用离散或连续的方式绘制点数据，离散形式的可视化强调了在不同位置处的数据，而连续形式的可视化则强调了数据整体的特征。

针对点型数据可视化，本节主要介绍点地图和像素地图两种方法。

1. 点地图

可视化点数据的基本手段是在地图的相应位置放置标记或改变该点的颜色，形成的结果称为点地图。点地图是一种简单、节省空间的方法，可用于表达各类空间点形数据的关系。

点地图不仅可以表现数据的位置，也可以根据数据的某种变量调整可视化元素的大小，如圆圈和方块的大小或者条状图的高度。由于人眼视觉并不能精确判断可视化标记的尺寸所表达的数值，点数据可视化的一个关键问题是如何表现可视化元素的大小。若采用颜色表达定量的信息，则还要考虑颜色感知的因素。

真实世界中的空间数据点的分布是不均匀的，例如，电话记录、犯罪记录通常都集中于城市地区，或者环境数据通常都集中于现象频繁发生的地区。因此，点数据可视化的挑战在于数据密集引起的视觉混淆，常用的解决方案是采用额外的维度增强表达效果，例如，在点密集的区域用曲面可视化方法，或者根据地图上数据的统计分布用条形图提供更多细节。

2. 像素地图

不同于点地图，像素地图通过改变数据点位置避免了二维空间中的重叠问题[17]，像素地图的核心思想是将重叠的点在满足三个设定的条件下调整位置：地图上的点不重合；调整后的位置和原始数据位置尽可能接近；满足数据聚类的统计性质，即一个区域中性质相似的点尽可能地接近。采用像素地图对数据点进行重新分布，因此展现了更多的数据特征。像素地图的一个缺点是地图的形状容易被改变。

有两类生成像素地图的方法：全局优化方法和基于递归算法的近似优化方法。基于递归算法的近似优化方法采用四分树的数据结构，以四分树的根节点代表整个数据集，每个枝节点代表部分数据。运用递归的分割算法可以提高效率，分割方式如下：

(1) 从四分树的根部开始，递归地将数据空间分割成四个子区域。分割的原则是使每个子区域的地图面积比该区域所包含的数据点多。

(2) 若数次循环后，某个子区域只剩下很少的点，则将这些点放置在第一个数据点或周围空闲的位置上，并进行启发式的局部排列调节。

7.3.3　线型数据可视化

线型数据通常是指连接两个或更多的点的线段或路径，线型数据具有长度属性，即所经过的地理距离，最常见的是地图中的路径规划。线型数据可视化最简单的方法是绘制线段用来连接相应的地点，可以使用颜色、线型、标注等表示各种数据属性以增强可视化效果。此外，通过对线段的变形和改变放置的位置可以减少线段之间的重叠和交叉，增加可读性，连线绑定是最常见的降低视觉复杂度的技术。

本书主要介绍由 Phan 等提出的自动绘制和优化流型图的算法，算法由两部分组成：绑定所有连线和优化连线布局[18]。

(1) 绑定所有连线。根据所连接地点间的位置关系决定绑定在一起的连线。首先按照地点的远近进行自下而上的层次聚类，得到一个包含所有需要连接的地点的层次结构。每一个叶节点代表一个地点，并且相近的地点属于同一棵子树，如图 7-21(a)所示，A、B 相近，而 C 距离 D、E、F 比 A 更近，这个层次结构提供了所有地点之间远近关系的信息，然后选定新的连接起点作为新的根节点，如图 7-21(b)所示，C 是起始点，A、B 和 D、E、F 是 C 的两棵子树，所有连线绑定在一起从 C 出发，分叉指向 A、B 和 D、E、F，树结构中所有中间节点将成为连线的分叉点，图 7-21(c)绘制的是以 D 为起始点的树结构。

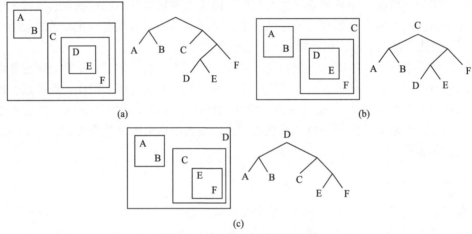

图 7-21　通过层次聚类绑定连线

(2) 优化连线布局。因为叶节点的位置是固定的，所以需要优化中间节点的位置，遵循的规则是保证流量大的是直线，流量小的是分支，如图 7-22 所示：图 7-22(a)表示两边都是叶节点的情况，左边节点流量更大，用直线连接起始点与左边的点，分叉点放在连线的中点；图 7-22(b)表示起点到右边节点的流量大于到左边的子树的流量，用直线连接起始点和右边的点，分叉点放在连线的中点；图 7-22(c)表示两边都是子树的情况，分叉点放在连线的中点。在树结构中自上向下递归地对每个节点的分叉进行上述操作就得到了整个流型图的布局。

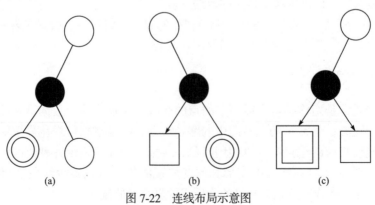

图 7-22　连线布局示意图

下面介绍两种线型数据可视化实例：网络地图和流量地图。

(1) 网络地图。网络地图是一种以地图为定义域的网络结构，网络的线段表达数据中的连接关系和特征。网络地图中，线端点的经纬度可以用来决定线的位置，其余空间属性可映射为线的颜色、宽度、纹理、填充和标注等可视化参数。此外，线的起点和终点、不同线之间的交点都可以用来编码不同的数据变量。

与点地图类似，将网络地图方法用于大型网络数据时，将导致稠密的线绘制和线段重叠。为了减少线段之间的互相遮挡，可以考虑下列三种方法。

① 构建网络地图的层次结构：具体算法需要依据数据的性质而定，例如，考虑数据的地域特征，如州郡县的划分，或者数据的自身特征，如聚类。此外，设计者需要提供用户浏览层次结构的交互方法，允许用户通过交互调整可视化中线的密度。

② 三维网络地图：考虑到用户对地理信息空间较为熟悉，在三维空间中显示网络地图，利用三维绘制技术展示更多的信息。地理数据提供了二维空间的坐标，高度坐标可以由数据的某种属性来计算。引入三维空间的交互方法，可以提供用户浏览数据的额外功能。

③ 集成系统：采用网络数据可视化的方法，如链接矩阵可视化来显示所有网络上的链接，允许用户交互地通过可视化集中显示相关的数据特征。

(2) 流量地图。流量地图是一种表达多个对象之间流量变化的地图。流出对象和流入对象之间通过类似于河流的曲线连接，曲线的宽度代表流量的大小。流量地图与普通网络地图的差异在于：采用边绑定法最小化曲线的交叉和曲线的数量。将同一个流出对象到不同流入对象的曲线轨迹进行聚类，并对曲线进行适当的变形以获得光滑的流线。线条的宽度表示出口的数量，流向相似方向的流量数据被绑定到一起，连线的聚合不仅减少了视觉的复杂度，同时提供了对数据更多层次的了解。本质上，流量地图是一种基于聚类和层次结构的地理信息简化方法[18]。

7.3.4 区域数据可视化

区域数据包含了比点数据和线数据更多的信息，区域数据涉及地图上不同区域自然或社会经济的基本状况和统计信息，包括：地质、气象、植被等自然要素的空间分布及其相互关系；人口、行政区划、交通等社会人文要素的空间分布及其相互关系；航海、旅游和工程设计等面向其他专业的数据。

区域数据的可视化常采用类似专题地图的绘制方法，给地图上不同区域赋予特定的颜色、形状或采用特定的填充方式展现其特定的地理空间信息，具体包括分区密度地图、等值线图、等值区间地图和比较统计地图。其中，分区密度地图允许每一个变量独立地分割区域，在实际中应用不多。下面简单介绍其余三类地图。

1. 等值线图

等值线图通过等值线显示各区域连续性数据的分布特征，也称为轮廓线图。等值线图又分为两类：第一类，数值是区域上每一点真实属性(如地表的温度)的采样，需要采用前文介绍的等值线提取法，计算数值的等值线并予以绘制；第二类，区域上各点的数值为该点与所属区域中心点之间的距离，这时需要采用距离场计算方法，计算地图上的等值线。

2. 等值区间地图

等值区间地图是最常用的区域地图方法，该方法假定地图上的数据分布均匀。等值区间地图可视化的重点是数据的归一化处理和颜色映射，将区域内相应数据的统计值直接映射为该区域的颜色，各区域的边界为封闭的曲线。

等值区间地图的主要问题是人们感兴趣的数据可能集中在某些局部区域造成很多难以分辨的小的多边形。同时，一部分不感兴趣的数据则有可能占据大面积的区域，干扰视觉的认知。因此，等值区间地图适合于强调大区域中的数据特征，如在人口调查中显示大面积地区的人口分布。

3. 比较统计地图

比较统计地图根据各区域数据值大小调整相应区域的形状和面积，因此可有效解决等值区间地图在处理密集区域时遇到的问题。由于区域的形状和尺寸都经过调整，地图上的各区域产生了形变，这种形变可以是连续的(保留网格的拓扑)，也可以是不连续的(独立地改变每个区域的大小，或者绘制近似的区域)。

比较统计地图可以看成等值区间地图的变种。根据形变的方式和区域的形状表达方式，比较统计地图又可以分为连续几何形变地图、不连续几何形变地图、规则形状(圆形、长方形等)统计地图等不同的类型。

当区域的生成采用了不连续的几何形变方法时，数据密集区域将不再拥挤，但这种方法难以确保区域之间的相对位置，改变相对位置对地图的识别会造成一定的困难。连续几何形变地图则优先保证区域之间的邻接、相对位置不变，通过改变区域的形状实现面积与属性间的正比例关系。

不规则图形的面积有时难以估算，因此多采用规则形状统计地图。以矩形比较地图为例，采用矩形近似表示地图上的区域，通过调整矩形网格的形状来满足形状和面积约束，矩形的初始位置通常都放置于原多边形的重心，虽然形状变化，但其相对位置仍尽可能贴近原图。

7.4 案例分析——纽约地铁客流量数据

观测地铁的客流量数据对于地铁管理人员是很重要的，可以分析得出影响客流量的因素，观察各个站点的高峰客流量区间，为合理分配工作人员提供建议。本案例的数据为 2016 年 5 月纽约 207 个站点的客流量数据。

图 7-23 为地铁站每天的客流量可视化，颜色由浅到深代表客流量由少到多，从图中可以发现周末两天搭乘地铁的平均人数较少。观察站点 "59 ST-COLUMBUS" 的客流量，在周末两天均有相当的客流，这是因为这站下地铁后是中央公园，有出游计划的家庭会通过这个站点前往中央公园。

图 7-24 是站点-时间-客流量关系图，横轴代表不同的站点，weekday=1 代表工作日，weekday=0 代表周末，"ENTRIESn_hourly" 和 "EXITSn_hourly" 分别代表进站人数和出站人数。从图中可以看出，无论是工作日还是周末，纽约市地铁站客流量最大的三个站

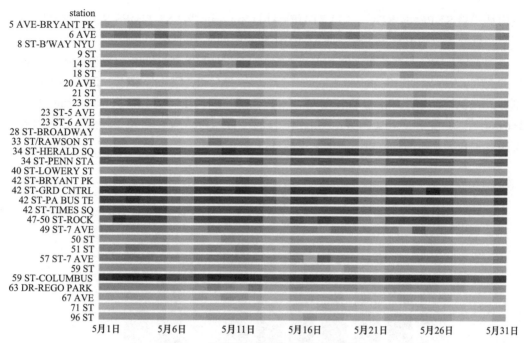

图 7-23 各站点每天平均人数的变化情况

图片来源：https://zhuanlan.zhihu.com/p/35762229

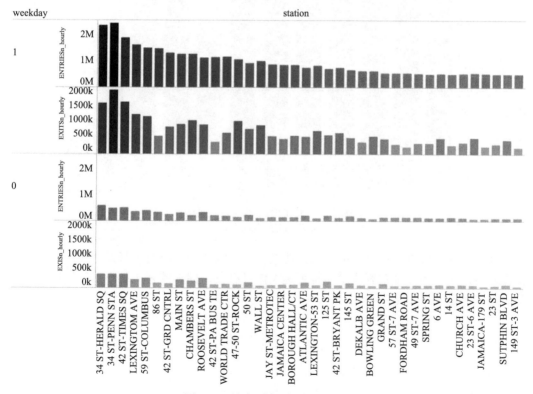

图 7-24 站点-时间-客流量关系图

图片来源：https://zhuanlan.zhihu.com/p/35762229(有微调)

点均是"34 ST-PENN STA"、"34 ST-HERALD SQ"和"42 ST-TIMES SQ",这是因为这三个站点处于纽约市繁华地段,是人们工作和娱乐的必经之路。

为了分析天气与客流量之间的关系,绘制了如图 7-25 所示的图,横轴(conds)代表不同的天气(Clear-晴朗、Scattered Clouds-多云转晴、Mostly Cloudy-多云、Partly Cloudy-局部有云、Overcast-阴、Light Drizzle-微雨、Light Rain-小雨、Rain-雨、Heavy Rain-大雨、Haze-雾霾、Fog-雾、Mist-薄雾)。从图中可以看出,雨天的平均客流量较少,且大雨天和雾霾发生在周末时的客流量明显少于工作日。

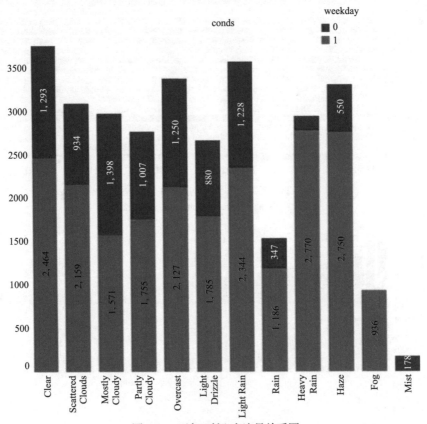

图 7-25　天气-时间-客流量关系图

图片来源: https://zhuanlan.zhihu.com/p/35762229

通过上述分析可以得出如下结论:地铁站点客流量与经济发展有关,处于繁华地段的站点客流量较大;地铁客流量与是否是工作日有关,周末的客流量小于工作日的客流量;地铁客流量与天气有关。

7.5　习题与实践

1. 概念题

(1) 试阐述时间线可视化与动画显示法之间的异同。

(2) 试分析二维数据可视化与三维数据可视化之间的联系。

(3) 分析几种地图投影方式的适用条件，举例说明。

(4) 试比较不连续与连续的几何变形地图的区别以及它们各自的优缺点、适用范围。

2. 操作题

(1) 应用时间数据可视化的相关知识，绘制自己未来一个月的日程安排(自选合适的图表)。

(2) 自己设计一个 5×5 的方格，自行设计各顶点值与等值，应用移动四边形法绘制等值线。

(3) 使用 Python 语言，结合 Graphviz 决策树可视化工具，绘制类似图 7-21 的层次聚类树状图。

参 考 文 献

[1] 张利军. 时变数据的压缩与放大可视分析技术[D]. 杭州: 杭州电子科技大学, 2017.

[2] van Wijk J J, van Selow E R. Cluster and calendar based visualization of time series data[C]. Information Visualization, 1999: 4-9, 140.

[3] Rajaraman A, Ullman J D. Mining Data Streams[M]. Cambridge: Cambridge University Press, 2012.

[4] 陈为, 沈则潜, 陶煜波. 数据可视化[M]. 北京: 电子工业出版社, 2013.

[5] Datar M, Gionis A, Indyk P, et al. Maintaining stream statistics over sliding windows[J]. SIAM Journal on Computing, 2002, 31(6): 1794-1813.

[6] Cohen E, Strauss M J. Maintaining time-decaying stream aggregates[J]. Journal of Algorithms, 2006, 59(1): 19-36.

[7] Hochheiser H, Shneiderman B. Dynamic query tools for time series data sets: Timebox widgets for interactive exploration[J]. Information Visualization, 2004, 3(1): 1-18.

[8] Bellman R, Kalaba R. On adaptive control processes[J]. IRE Transactions on Automatic Control, 1959, 4(2): 1-9.

[9] Lin J, Keogh E, Lonardi S, et al. A symbolic representation of time series, with implications for streaming algorithms[C]. Proceedings of the 8th ACM SIGMOD Workshop on Research Issues in Data Mining and Knowledge Discovery, 2003: 2.

[10] Lorensen W E, Cline H E. Marching cubes: A high resolution 3D surface construction algorithm[J]. ACM SIGGRAPH Computer Graphics, 1987, 21(4): 163-169.

[11] Kindlmann G. Transfer functions in direct volume rendering: Design, interface, interaction[C]. Image Processing for Volume Graphics, 2002: 1-8.

[12] Pfister H, Lorensen B, Bajaj C, et al. The transfer function bake-off[J]. IEEE Computer Graphics and Applications, 2001, 21(1): 16-22.

[13] Tzeng F Y, Lum E B, Ma K L. An intelligent system approach to higher-dimensional classification of volume data[J]. IEEE Transactions on Visualization and Computer Graphics, 2005, 11(3): 273-284.

[14] Hansen C D, Johnson C R. The Visualization Handbook[M]. New York: Academic Press, 2005.

[15] Kindlmann G. Superquadric tensor glyphs[C]. Joint Eurographics—IEEE TCVG Symposium on Visualization, 2004 : 1-8.

[16] Antal Guszlev. Map Projections[EB/OL]. http://lazarus.elte.hu/cet/modules/guszlev [2020-1-20].

[17] Keim D A, Panse C, Sips M, et al. Visual data mining in large geospatial point sets[J]. IEEE Computer Graphics and Applications, 2004, 24(5): 36-44.

[18] Phan D, Xiao L, Yeh R, et al. Flow map layout[C]. IEEE Symposium on Information Visualization, 2005: 1-10.

第8章　层次网络数据可视化

随着信息通信技术与大数据技术的进一步发展，网络已经深入人们的基本生活与日常工作中，伴随着网民数量与日俱增，各类社交平台层出不穷，多维的、海量的、层次数据与网络数据也应运而生[1]。简单的图形分析已经无法满足高效解析大规模的、复杂网络中错综复杂的层次数据与网络数据集的需求，因此对于多维的海量数据，数据可视化成为处理这些海量数据的有效技术手段[2]，因此需要建立数据集的层次关系、网络关系及其可视化映射过程。

8.1　层次数据可视化

20世纪末，计算机图形学的发展帮助人们以一种更直观有效的方式描述数据之间的关系。而信息可视化在这样的背景下，融合人机交互、视觉设计、心理学等学科领域，逐渐发展成一门研究大规模数据信息可视化的交叉型学科。信息是有维度的[3]，人们在社会生活和科学研究中所产生的数据信息多属于层次数据，如交通信息、航空信息、地震勘探信息、社交平台网络关系等。对于不同维度的信息，信息可视化的层次也有所不同[4]。对此类层次结构数据进行数据可视化，不仅有助于人们进一步理解其内在规律，辅助决策，更能进一步使人们加强对数据信息的使用，避免数据信息的浪费。

8.1.1　树与随机树的概念

层次数据(hierarchical data)表达了数据之间的从属和包含关系，体现在整体与局部、继承与传递等。层次数据广泛存在于日常生活与工作中，因此层次数据可视化是信息可视化的一个重要体现[4]。

一般来说，最常用的表示实际生活中层次关系的结构是树状结构，因此层次数据可视化又称为树可视化。在树状结构中，节点表示各个信息实体，层次结构(父节点与子节点之间)抽象表示信息实体间的关系。随着问题复杂度的上升，层次数据复杂度也随之增加，抽象出来的树状结构也就变得烦琐。常见的典型层次数据有企业的组织架构、生物物种遗传和变异关系、决策的逻辑层次关系等，如图8-1所示的思维导图、图8-2的企业组织结构图等。

通过图8-1和图8-2所示的树状结构图，能够很直观、清楚地了解这些层次数据结构之间的关系。树状结构在层次数据可视化中是一种直观的、有效的组织表达方式，具有稳定性、可持续性以及可扩展性。但在复杂的层次结构中，树状结构的表达方法也会带来一定问题，如空间资源利用率低等。因此，在树状结构的基础上，又扩展了新的层次数据可视化方法——随机树。

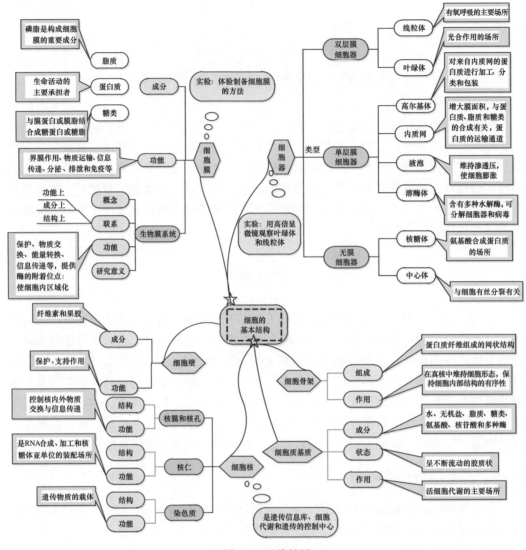

图 8-1   思维导图

图片来源：作者绘制

　　随机树是指计算机经由一个随机过程而建立起来的树状结构，计算机会随机选择一个元素作为根节点，以最大深度或生长概率作为控制条件，对每个新增节点重复生长过程。最经典的随机树算法当属 Koza 提出的 GROW 算法，但随机树算法由于其随机性也有所不足，由随机树算法生成的树状结构不能做到均匀遍历。目前，随机树算法主要应用于遗传算法测试，在生物信息、遗传编程等层次数据可视化领域得到了广泛的应用。

8.1.2　海量信息的层次化组织

1. 数据的层次化组织方式

层次结构是我们日常生活工作中最为常见的一种信息结构，如企业组织结构、书籍

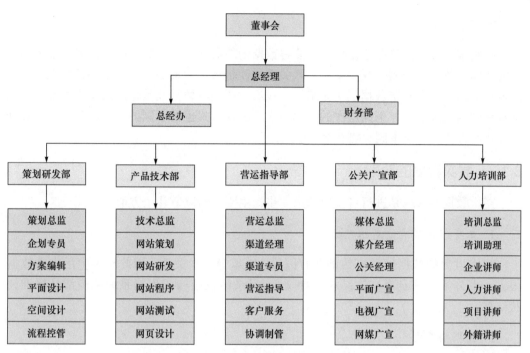

图 8-2　企业组织结构图

目录信息、计算机系统等都是层次结构的信息表达形式。因此,要想将实际生活中存在的多维的、复杂的海量信息可视化,首先就要以层次结构的形式表达数据。数据层次化组织方式的核心在于如何将现实问题抽象为具有层次的树状结构,如何清楚地表达节点与节点(父节点与子节点、兄弟节点)之间的关系等。

依照层级划分方式的不同,可以将数据组织方式分为两种:自上而下细分(细分法)或者自下而上聚类(聚类法),如图 8-3 所示。

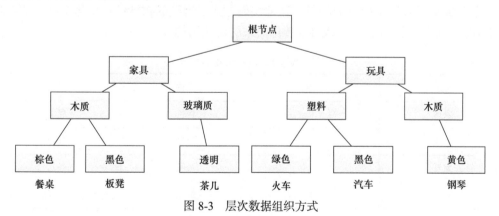

图 8-3　层次数据组织方式

在选择好划分方法后,就可以抽象出信息实体——确定树状结构的各个节点了,为了完成层次数据可视化,对于层次数据关系的表达,还需要进行结构关系的可视化映射。

2. 可视化映射

在确定可视化的目标数据后，需要将数据中的层次结构抽象、构建出来，来表达信息实体间、数据之间的关联关系。关联关系往往暗含了大量的规律信息，是可视化表达的重点。因此，在确定数据层次化组织方式后，还要将数据及数据间的关联关系映射到某种具体的表现形式。不同层次的数据对应的表现形式也是不同的，所需要的层次数据可视化的方法也有所不同，将在 8.1.4 节介绍。

8.1.3　层次数据的获取

层次数据的获取是进行可视化的第一步，主要包括以下几个方面。

1. 本身含有层次信息的数据

现实世界的数据信息多数都具有因果、继承等层次关系，因此现实生活中的数据很大一部分本身都具有层次结构，如文件/目录信息结构、生物系统结构都是标准树状结构。

2. 数据抽象化

实际生活中，最常遇见的是许多本身不包含层次结构的数据信息。对于这些数据，可以采用数据抽象化的方式，将其映射到一种层次结构中。层次数据本身具有一定的逻辑性，有助于用户记忆、理解。以常见的表格数据为例，其每一行都是一个信息实体，一列就是一个属性，通过选择一个属性序列，按照一定的排列规则能够将数据映射到与表格完全对应的一个树状结构中。在表 8-1 中，通过排列规则：类别→材质→颜色，可以将表格数据抽象化为一个三层的树状结构，根节点代表所有商品，第二层节点含有代表家具/玩具的两个节点，第三层在第二层节点下再根据颜色进行划分，这样，所有的叶子节点就完成了对所有商品的映射。这种映射方式下得到的树状结构中每个叶子节点具有相同的深度。图 8-3 就是由表 8-1 转化而来的树状结构。

表 8-1　商品信息表

类别	材质	颜色	名称
家具	木质	棕色	餐桌
家具	木质	黑色	板凳
家具	玻璃质	透明	茶几
玩具	塑料	绿色	火车
玩具	塑料	黑色	汽车
玩具	木质	黄色	钢琴

3. 树状结构拟合

对于非表格类的数据，无法在短时间内找到合适的排列规则对其进行数据抽象化。因此，需要借助数据的特性来对其进行层次化的提取——树状结构拟合。树状结构拟合同样能做到将所有的数据映射至树状结构中。一些机器学习算法，如 *K*-means 聚类，就能实现树状结构拟合。

因此，只要找到适宜的方式，就能够将数据映射到树状结构中。层次数据可视化方式是数据可视化的一个重要应用。

下面以网络论坛数据为例[5]，用以上几种方法来对网络论坛数据实现层次数据可视化，网络数据具有以下特点：

(1) 时间相关性。论坛上的数据每时每刻都在变化，如帖子数量的增加、结构的延伸、用户数量的增长等。这些时间相关性都赋予了论坛数据更多的研究意义。

(2) 数据海量性。网络论坛的超大用户规模以及广泛的数据传播使得网络论坛数据具有数据海量性。

(3) 层次化属性。网络论坛的设置结构使得论坛数据具有典型的层次结构。以树状结构来看，网络论坛的第一层为各个模块，第二层为各模块下的帖子，而帖子又是由以跟帖者的回复形成的最小单位。

(4) 数据多维性。网络论坛数据具有多维性、复杂性的特点。从不同的角度出发，可以对网络论坛数据进行不同的划分，如作者属性(作者积分、所在地区等)、帖子属性(发帖时间、帖子长度等)以及论坛属性(主题、模块等)。

论坛数据的特性决定了不能采用较为简单的数据可视化方法。一方面，海量的论坛数据所包含的数据信息过多，一般的数据可视化方法无法将其一次性全部展现；另一方面，一次性展现大规模数据不仅可视化效果不好，而且其可视化成本如计算时间与占用内存等也都较高，给用户带来不好的体验。因此，对于论坛数据，应该将其映射为较多的层次以便清晰地展现每一层数据，如图 8-4 所示。

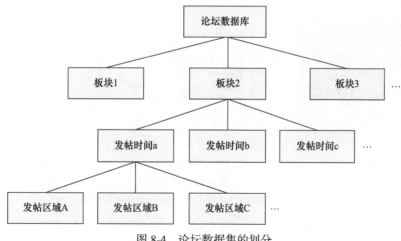

图 8-4 论坛数据集的划分

8.1.4   层次数据可视化的方法

由于树状结构自身的特性，当要可视化的层次数据量大、层次结构复杂时，树状结构就很难清晰地表达它们之间的层次关系，处于底层的数据难以清晰展现。因此，需要更多的可视化方法来展示层次数据的结构及其关联关系[6]。

在树状结构中，一般将信息实体以节点的形式存储，每个节点对应着一个信息实体，其位置取决于所处的层次结构，内容一般为数据的各属性值。在树状结构中，按照布局策略，层次数据可视化方法一般分为节点链接(node-link)法、空间填充(space-filling)法、混合布局(hybrid layout)法。

1. 节点链接法

节点链接法可以直接体现数据间的层次关系，故又称结构清晰型表达。节点表示信息实体，连线(边)表示父节点与子节点间的关联关系[7]。最经典的节点链接法是双曲树通过"焦点+上下文"的表达形式，双曲树将双曲空间映射为数据的显示空间，重点突出焦点节点。此外，常用的节点链接法还包括上下布局、双曲线树、放射状树、圆锥树、气泡图、H-Tree 等，如图 8-5 所示。

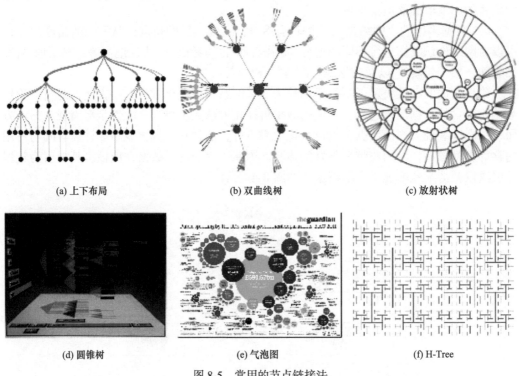

(a) 上下布局   (b) 双曲线树   (c) 放射状树

(d) 圆锥树   (e) 气泡图   (f) H-Tree

图 8-5   常用的节点链接法
图片来源：https://wenku.baidu.com/view/8595a4072b160b4e777fcf11.html

在利用节点链接法进行层次数据可视化时，应该注意以下几种原则：

(1) 尽量避免边的交叉，因为边的交叉可能会导致对图的错误理解。

(2) 节点和边尽量均匀分布在整个布局界面上。

(3) 边的长度统一。

(4) 可视化效果整体对称，保持一定的比例。

(5) 网络中相似的子结构的可视化效果相似。

节点链接法中最主要的还是正交布局、径向布局以及在三维空间中的布局。下面对这三种方法进行简单介绍。

1) 正交布局

节点链接法的优点是较好地体现了层次数据间的父子关系，但也因此造成了各节点空隙空间的浪费。当数据量较多时，各分支节点将会拥挤复杂，体现在可视化效果上，将过于密集杂乱。因此，改善空间利用率低的弊端，也是节点链接法的一个研究难点。正交布局的出现，可视化效果进行了较大的改观，在正交布局中，所有的节点都分布在父节点的同一侧，节点沿水平或竖直方向排列，因此父节点和子节点之间的位置关系和坐标轴一致，符合人眼阅读的识别习惯。

典型的正交布局有缩进法、(生物)系统树图，如图 8-6 和图 8-7 所示。

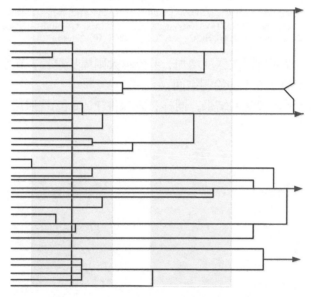

图 8-6　基于缩进法的美国铁路兼并过程

图 8-7 是某软件(Flare 包)的函数名称系统树图。可以看到，顶点为该软件的根目录 flare，再根据层级结构，分别将各函数包 animate、data、display、flex、physics、query、scale 以及 util 按照次级目录展开。同样，也按照这样的树状结构，依次将上述各函数包下面的函数目录依次展开。

2) 径向布局

径向布局实际上就是将正交布局折叠，将水平或垂直排列的树状结构卷成环，从而更加合理地利用空间。在这个环中，不同层次的概念节点被放置在半径不同的同心圆上，离圆心越远，表示其层级结构越低。这样就满足了层次数据的特点，即层级越低，数据

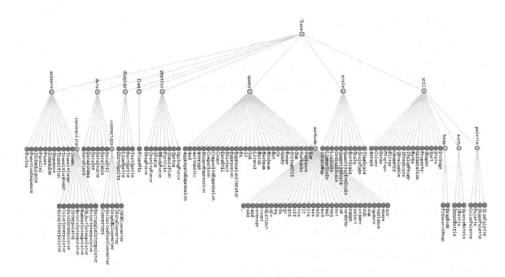

图 8-7　某软件的函数名称系统树图

图片来源：https://cdn.nlark.com/yuque/0/2020/png/200590/1591707874875-c544a1c2-4b78-48cf-8bd5-dfb9841fed3a.png?x-oss-process=image%2Fwatermark%2Ctype_d3F5LW1pY3JvaGVpdGk%2Csize_20%2Ctext_QW50ViBHNg%3D%3D%2Ccolor_FFFFFF%2Cshadow_50%2Ct_80%2Cg_se%2Cx_10%2Cy_10%2Fresize%2Cw_408

节点越多。节点的半径随着层次深度增加，半径越大则周长越长，节点的布局空间越大，正好可提供越来越多的子节点的绘制空间。

图 8-8 是径向布局可视化的结果，同样，将软件(Flare 包)按照层次逐级展开。可以

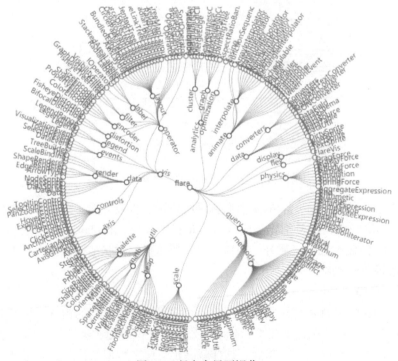

图 8-8　径向布局可视化

图片来源：http://www.popodv.com/dv/dddffc1538824570848.html

看到，圆心为该软件的根目录 flare，再根据层级结构，分别将各函数包 animate、data、display、flex、physics、query、scale 以及 util 等按照次级目录，以较小的半径逐层展开，随后以较大的半径展开下一级的函数包。

　　3) 三维空间中的布局

　　当二维空间无法满足层次数据结构布局时，可以将显示空间扩充到三维，维度的增加极大地增强了可表达数据的尺寸，代表方法有圆锥树方法和双曲树方法。

　　圆锥树是径向布局和正交布局的融合。作为一种三维布局法，圆锥树可以有效地在三维空间对层次数据进行可视化。在三维空间中，相同父节点的子节点将以父节点为中心，呈放射状的形式分布在一个如同圆锥般的立体空间，不同层次的节点在空间中所处的位置，即放射半径也是不同的。随着层级的增加，每一层的放射半径在逐渐缩小，新圆锥的底面积也在逐渐缩小，最终形成以父节点为顶层节点，子节点层层分布，最底层的节点分布在底部的圆锥体结构。不难想象，如果从圆锥顶部向底部投影，将得到一种径向布局的可视化图形。而从圆锥的侧面投影，又将得到一种正向布局的树状图形。图 8-9 展现了圆锥树的示意图，其中，图 8-9(a)为侧面视图，图 8-9(b)为从顶部向底部的投影效果。

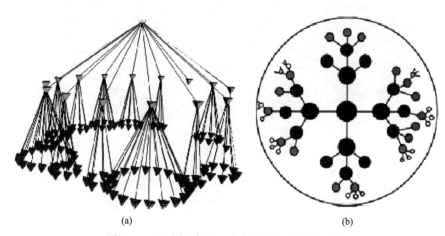

　　　　　　(a)　　　　　　　　　　　　　　　　(b)

图 8-9　基于圆锥树方法的树状结构数据可视化

(a) 图片来源：https://cdn.nlark.com/yuque/0/2020/png/200590/1591707874802-43bff95b-815f-408d-a4c9-a337a88801a8.png?x-oss-process=image%2Fresize%2Cw_358

　　圆锥树在扩展可视化空间的同时，也很好地增加了对层次数据的解释维度。但也存在一些弊端：随着层次结构的增加，圆锥的圆周也在线性增加，但每一层次所包含的节点信息往往是以几何形式增长的，狭窄的空间将导致节点相互交叉覆盖，也就是说对于层次多的数据结构，圆锥的底层空间还是不能满足其可视化要求。而双曲树则解决了这一问题。

　　如图 8-10 所示，双曲树的拓扑结构也是一种径向布局，但其所映射到的空间不再是欧氏空间，而是双曲空间。在此空间，随着层级结构的增加，圆周的增加也呈几何形式，这样可以保证为新层级所带来的节点布局提供充足的空间。这样的双曲树形式能够为节点提供更多的描述空间，添加辅助信息。每一个节点的位置也可以相应改变，有利于整体布局的调整。

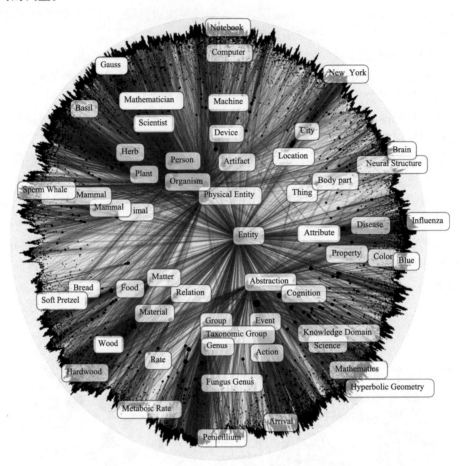

图 8-10　GitHub 某项目的双曲树可视化

图片来源：https://mnick.github.io/img/wn-nouns.jpg

2. 空间填充法

不同于节点链接法的径向布局，空间填充是一种基于区域的层次数据可视化方法，通过利用矩形、扇形等多种图形来映射数据信息，描述数据间的层次结构。众所周知，图形间的嵌套可以表示包含关系，空间填充不存在线(边)，空间中每一个单独的图形表示一个信息实体，因此采用空间填充来可视化层次数据的关键就在于对兄弟节点的位置布局以及图形的选择。

在设计空间填充时，应遵循以下评价指标：

(1) 可读性，即评价在逻辑上相邻的兄弟节点是否在空间布局上也相邻。较高的可读性能让用户更快地理解布局。

(2) 距离相关性，即衡量兄弟节点在逻辑上的关系能否在空间距离中体现。

(3) 稳定性，即平均位置变化的倒数。针对动态布局，稳定的布局算法中节点的位置变化较小，能提供连续和平滑的交互过渡，减少阅读负担。

按形状分类，空间填充法有圆填充图、树图以及 Voronoi 树图等方法。

1) 圆填充图

基于矩形填充图，Grokker 率先提出了圆填充图的布局算法。对于大规模的层次数据，圆填充图是一种较好的可视化方法。在圆填充图中，一个节点的大小取决于代表圆的半径，其子节点则均以更小圆的形式填充在该节点下，而兄弟节点则以相切圆的形式表现。该算法能够以直接的形式表明层次数据的规模程度，也能够明确地说明层次、组织结构关系，圆填充图的填充过程如图 8-11 所示。

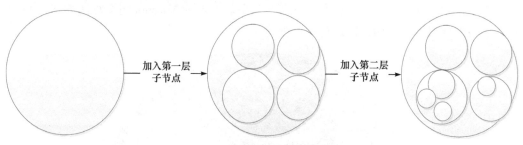

图 8-11　圆填充图形成过程

> 📖　填充密度是指被圆覆盖的区域占所有布局空间的比例，填充密度越高布局越紧凑。

圆填充图作为一种空间填充算法，是一种有效的扩展布局空间的层次数据可视化方法。体现在圆填充图能够以相切圆的形式填充进任意数量的兄弟节点，从而使其布局排列具有高填充密度，当节点数量增加时，圆填充图仍能近似保留一个圆的凸形状以容纳更多的兄弟节点。

2) 树图

在空间填充法中，依然延续了树的概念来可视化层次数据——树图。在树图中，信息实体通过一些带颜色的、不同面积的块、体来表示。信息实体间的关联关系则通过节点之间的空间位置关系来表达。作为空间填充方法之一，树图能够很好地通过调节节点大小、位置信息等来抽象表达层次数据结构的层次分布及属性关系，因此也更能利用空间来呈现更大规模的层次化数据。树图虽空间利用率较高，但其对信息实体间的关联关系表达不如节点链接法明显。图 8-12 展现了树图的形成过程。

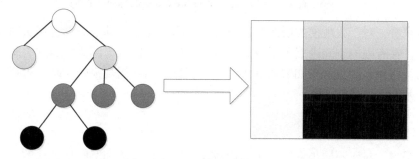

图 8-12　树图形成过程

其中，最大的矩形表示树的根节点，也就是层次数据结构的最高级。其次，随着树图算法的一步步递归，算法也在将矩形空间一步步切分，不同层次的子节点也依据不同的权重比例，以不同的面积形式填充在父节点中。总之，树图的基本布局算法，就是在给定树层次结构、节点权重和节点序列下，决定如何在二维的平面上排布矩形的方案。

3) Voronoi 树图

基本树图使用矩形来划分空间。在此基础上，一些研究者也对基本树图进行了扩展。Balzer 提出使用计算几何中常用的 Voronoi 树图及生成算法，以凸多边形或曲边多边形来构建树图，使用轮廓线的粗细表达层次结构。这样的方法同时解决了圆填充图中的空间利用率不足和经典树图算法的长宽比这两个问题。经典的 Voronoi 树图算法如图 8-13 所示，是对世界机场的结构树图进行的可视化结果。

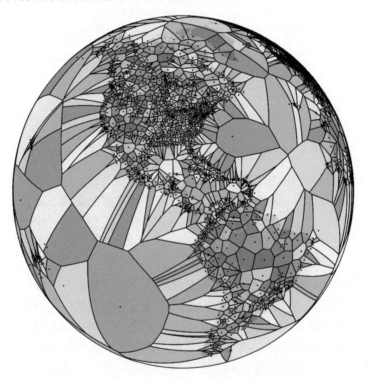

图 8-13　基于 Voronoi 法的世界机场结构树图
图片来源: https://www.jasondavies.com/maps/voronoi/airports/full.png

总体来看，对于大规模的层次结构数据，空间填充法弥补了节点链接法空间利用不足的缺点，在有限的空间内展现了较好的可视化效果，但以树图为代表的空间填充法对数据间的关联关系的表达不如节点链接法直观明显，当数据规模较大时，可视化效果的可读性较差。

3. 混合布局法

前文提过，对于不同规模的层次结构数据，节点链接法和空间填充法的可视化效果也有所不同。那么，究竟有没有一种综合型的可视化方法，将上述两种可视化方法有效地结合起来，取长补短呢？答案当然是肯定的，这就是混合布局法，如图 8-14 所示。

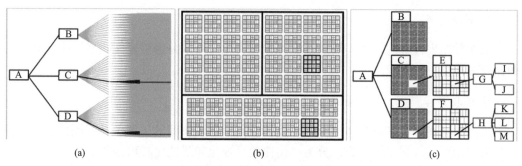

图 8-14　混合布局表现形式

图片来源：https://www.shengdongzhao.com/wp-content/uploads/2012/06/image7.png

如图 8-14(a)所示，如果单纯地采取节点链接法来展示层次数据的结构，会由于层级太多而导致树状结构下层的密集度太高，使得本应突出的重点节点信息被埋没；而如果单纯采用树图的方式展现数据，如 8-14(b)所示，虽然两个重点的节点信息在树图中展现得较为明显，但其周边结构错综复杂，用户很难理解其层次结构信息，可视化效果依然不够好。而混合布局法则较好地解决了这一问题，如图 8-14(c)所示。对于层次数据的整体显示，混合布局法采用了节点链接的形式加以展现，这样能更好、更直观地突出用户可能感兴趣的、有潜在价值的部分，而对于用户不感兴趣的部分，混合布局法则采用树图的方式加以折叠，从而提高空间利用率和数据的收缩整合性。

8.2　层次数据比较可视化

在层次数据可视化中，经常还需要研究层次数据比较可视化[8]。相比单一的层次数据可视化，层次数据比较可视化的目标更为广泛，如相似性分析、差异性分析等，涉及的任务也由单一转为多项。

8.2.1　层次数据比较可视化的必要性

在许多领域，层次数据比较可视化都得到了应用，如生物、化学、计算机领域等。层次数据可视化只针对单一的数据集，但层次数据比较可视化则将比较的概念引入可视化技术中，通过比较，能够挖掘出更多的信息价值，层次数据比较可视化在加强数据纵向挖掘的同时，也能对不同的数据集有一个横向的观察，可以帮助人们通过比较找到关键数据，更好地辅助用户决策等[9]。

数据集不同、可视化任务不同，层次数据比较可视化的侧重点就有所不同。依据不同的划分标准，层次数据比较可视化涉及如下几点。

1. 比较数目

依据比较的数目，层次数据比较可视化可以分为树内比较可视化、两树比较可视化和(三树及)多树比较可视化，最为常用的是两树比较可视化。

2. 数据特点

依据数据集自身的特点，层次数据比较可视化又可以分为静态树比较可视化和动态树比较可视化。

3. 比较内容

层次数据在体现信息实体的同时，也体现了信息实体间的关联关系，因此层次数据比较可视化可以依据比较内容，分为结构比较可视化和属性比较可视化。

8.2.2 层次数据比较可视化方法

依据可视化效果的布局位置，可以将层次数据比较可视化方法分为以下三类。

1. 并置

在层次数据比较可视化中，并置适用于结构比较。在进行层次数据比较可视化时，并置会将被比较的树状结构同时放在同一个屏幕空间，以便用户观察，比较其结构差异。对于用户，并置方法操作简单直接，可视化效果也比较明朗。即使数据规模较大，也无须做太多调整。但对于计算机内存，并置方法需要将被比较的树状结构全部绘制，当树状结构比较相似时，造成了空间浪费和不必要的计算成本，此外，用户需要自身观察记忆树状结构的差异部分，在视觉搜索上有一定的工作量，因此并置方法还需要尽可能地为用户提供视觉暗示来帮助用户进行视觉检索。

常用的视觉暗示有以下三种。

1) 直接连接

在并置方法中，用于比较的树状结构会同时放在同一个屏幕空间以便于用户比较。为了增强比较效果，并置方法提供了一种用连线将对应节点连接的方式，来增强用户对数据的视觉关联——直接连接法。在直接连接法中，用于连接的连线可以通过调整颜色、透明度等属性对结构差异加以体现，但当结构差异较大时，连线过多也会造成视觉上的复杂混乱，因此并置方法还提供了边捆绑技术来合并位置上邻近的连线，减轻可视化效果的复杂度。

2) 视觉映射

类似于直接连接法，并置方法还提供了另一种有助于增强层次数据比较可视化效果的方式——视觉映射。视觉映射的核心思想就是将比较树状结构中相对应的节点用相同的颜色或图像符号进行标记，常用于两数比较。

3) 矩阵

从布局位置上来看，矩阵是一种特殊的并置方法，可以用于树内比较、两树比较或多树比较。矩阵的核心思想就是将树的节点平铺在矩阵的横轴和纵轴上。若将同一个树的节点平铺，则是树内比较；若分别将两个树平铺，则是两树比较；若以总览图的形式进行平铺，则是多树比较。可以根据比较任务自由选择缩进方法，总体来说，矩阵方法更倾向于对节点进行比较。

三种并置方式之间的差异对比如表 8-2 所示。

表 8-2 并置方式对比表

名称	优点	缺点	运用情况
直接连接	通过连线的密集程度判断节点对应关系以及相似度，注重总体的节点对应	连线较多时变得杂乱而影响视觉呈现	用于比较相似性，寻找其中的对应节点而且节点数量不是很多的情况
视觉映射	通过视觉符号或颜色寻找节点对应，通常借助交互观察局部的对应关系	用户需要根据提供的视觉元素判断节点的对应关系	用视觉映射的方法对其中的对应节点进行结构上的比较
矩阵	可以进行一对多的节点关系比较	无法进行结构比较	多树比较时，可以用作总览图，为用户进一步选择提供依据

2. 合并

在层次数据比较可视化方法中，合并适用于解决属性比较以及结构比较的任务。合并的核心思想在于：依据某种对应规则，将比较树的各节点进行合并，并对合并节点进行视觉编码，最终生成一个包含所有节点的树。在合并树中，只存在两类节点：合并节点以及独立节点。通过视觉编码的属性差异，用户可以直接观察到合并节点的属性，而独立节点则体现了结构比较上的差异。

不同于并置的布局方式，合并的布局方式不能直观清晰地展现层次数据比较可视化的差异，而是需要用户在比较任务的可视化图形上自主搜索，当比较的节点多且分布较远时，用户需要频繁在视图内切换视线，不仅为用户带来搜索负担，也降低了可视化结果的可读性。

在对合并节点进行比较时，主要用到以下两种方法。

1) 直接比较

在合并过程中，层次数据比较可视化可以将对应节点直接进行可视化编码，并进行比较。对于多类别、多层次的数据集，依据合并的思想，直接比较法会先将所有的分类情况展现在同一层次，并将比较前的对象分别放置在合并对象两侧以便用户更好地进行比较。Taxonote 所采用的层次数据比较可视化的方法就是直接比较，例如，简单的两树比较能够满足用户查询的需求，并采用基于缩进的方式展现可视化效果，以及提供表格工具和高亮工具来存储展示类别层次信息以及比较结果。

2) 显式编码

不同于直接比较中直接对节点进行可视化编码的方法，显式编码是将节点的关键属性(如节点的值、变化值等)进行可视化编码。因此，显式编码适用于对属性进行比较的任务。当被比较的数据集规模增大时，显式编码能够清楚地展现属性值变化较大的部分，但对于结构差异的比较，显式编码的可视化效果就弱化了。基于显式编码的原理，Tree Versity 提供了多种视图如时间线视图、点线视图、柱状视图，用颜色、方向、形状等来描述不同属性的差异值或变化百分比，如图 8-15 所示。

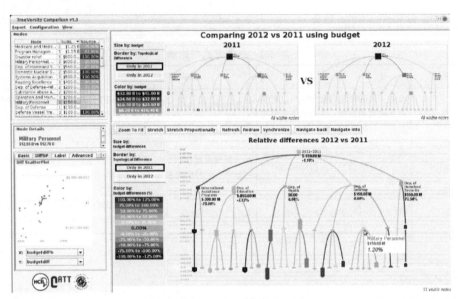

图 8-15　显式编码

图片来源：https://www.researchgate.net/profile/John_Alexis_Guerra_Gomez/publication/267944755/figure/fig1/AS:29543
5185999889@1447448645884/TreeVersity-comparison-interface-On-the-top-are-the-two-original-trees-being-compared.png

　　图 8-15 是 Tree Versity 软件进行显式编码可视化的截图，其是对某区域的年度预算进行对比、显式编码，并在软件中间区域显示两个年度的预算差别。

　　表 8-3 总结了两种合并比较方法的优缺点及适用情况。

表 8-3　合并方法总结

名称	优点	缺点	适用情况
直接比较	注重属性值的绝对量之间的比较	需要同时可视化比较节点的属性，空间使用比较多	进行对应节点属性值的直接比较
显式编码	注重相对值比较，注重比较值的差异程度	缺少属性的绝对量的上下文，可能会造成数据的错误理解	当属性值的绝对量不是关注的重点时，可以考虑使用显式编码的方式

3. 动画

　　并置和合并常用于静态比较。而对于一些具有动态性的数据集，即时变数据，层次数据比较可视化还需要体现其变化趋势，也就是要做到动态树的比较。为此，动画方法引入了时间轴的概念，通过移动时间轴上的位置，可以实现不同的视图切换，这种方法同样适用于两树比较或多树比较，基于布局的考虑，动画方法在呈现可视化效果时采用了螺旋式的布局结构，以保证为用户提供良好的空间纵横比。

　　由于动画方法需要实时地展现节点的变化信息，因此用户不能很好地记录每一时刻所有节点的信息，增加了用户观察比较的难度，同时数据集的动态变化也会为动画方法在切换时带来难以平滑过渡的难题，因此动画方法相对于其他层次数据比较可视化方法，应用得还较少。Time Tree 可以用来展现不同时间节点的树的结构变化，在 Time Tree 中，通过拖动时间轴可以展现不同的时间视图。

8.2.3　层次数据比较可视化中的交互

可视化是将数据映射为可视化元素并通过图形、图像加以展现的过程，通过可视化，用户可以更好地挖掘数据，发现信息隐藏价值。而交互则允许用户通过制定规则，进一步挖掘数据，加速信息搜索过程。

在层次数据可视化中，为了给用户提供更好的可视化效果，也为了提升可视化效果中的美学效应，层次数据比较可视化方法一般会为用户提供如查询、缩进、折叠等用户交互方式来提高空间利用率[10]，如之前介绍过的基于缩进的正交布局法、提供查询功能的直接比较法等。这些方法可以依据用户需求，对特定节点进行突出显示，并将用户感兴趣的部分快速定位。表 8-4 总结了层次数据比较可视化中常用的交互方式及其作用。

表 8-4　层次数据比较可视化中的交互方式及其作用

类别	交互方式	目的/作用
基本交互	缩放 折叠/展开 连接 刷洗 查询/过滤	进行局部位置节点的细节查看 显示或者隐藏部分层次节点 建立节点之间的对应关系 选择用户感兴趣的部分进行进一步比较操作 快速定位节点
焦点相关的交互	可见性保证 总览+细节 焦点+上下文	在视图改变过程中将感兴趣的节点一直保留在视图中 在一个全局图中进行细节的比较查看 在进行细节比较的同时为用户保留当前位置在全局的上下文信息

层次数据比较可视化是层次数据可视化的一个重要应用领域，其发展主要有以下两方面局限性。

1) 层次结构的表现形式以及比较形式

层次数据的表现形式在很大程度上制约了层次数据比较形式的选择。通过前面的介绍可以了解到，层次数据可视化的形式主要有节点链接法、树图等，而层次数据比较可视化的形式主要是合并、并置等，如何在挖掘数据的同时进一步丰富层次数据比较的表现形式一直是可视化领域的研究热点。

2) 扩展性

当层次数据的数据集规模较大时，层次数据以及层次数据比较的可视化都将更难以表达，过多的层次、节点使得比较形式难以扩展，现有方法对于比较任务依旧存在挑战。

8.3　网络数据可视化

随着网络信息技术的飞跃发展，越来越多的网络数据每天都在以爆炸式的几何速度产生。大规模的、多维的、多类型的网络数据在信息网络中堆积。如何挖掘暗含在这些类型多样、维度不一的网络数据中隐藏的规律，解析潜在知识是数据可视化的又一重点。

8.3.1 复杂网络的复杂性与多维性

社交网络是由社会群体及群体间错综复杂的社交关系所组成的复杂结构。社交网络具有复杂性和多维性，利用网络数据可视化方法可以将社交网络抽象成由节点和线(边)构成的网络图，通过对节点位置、节点密度、线(边)密度进行分析，可以有效地从属性及结构两方面对社交网络中各主体的行为进行观察、观测。

1. 复杂网络演变过程

客观世界间的关系错综复杂，通过层次结构的方式显然无法完成这一表达过程，因此还需要一种更多维的结构方式来对其进行表述。但直到 1736 年，数学家欧拉才真正采用网络的概念来抽象化这一问题。在客观世界，各社交主体间的社交关系是具有方向性的[11]，体现在社交网络中，可以是节点的位置，边的粗细、长短、弯曲程度等。但从数学角度和物理角度来看，我们并不关心这些问题，焦点在于节点与节点之间，是否有线(边)存在。基于这样的思想，可以将客观世界以一种既定的规则形式体现出来。

在社交网络中，常用的规则网络是环状网络，环状网络能够描述 N 个节点间的关系，但每个节点的相邻节点数是相同的，即每个节点均与 K 个节点相连，对于真实世界的社交网络，这一量级还远远不能表述其复杂性。20 世纪 50 年代末，Erdos 和 Renyi[12]提出了随机网络的概念模型。在这一模型中，节点与节点之间是否存在线(边)也不再是我们的关注重点。对于线(边)的表达将不再是确定性的，其存在与否将取决于概率的大小，直到 20 世纪 90 年代，随机网络模型都被认为是最真实有效的社交网络模型。

随着时代的进步与发展，就规则网络和随机网络对于客观世界描述的表达度而言，这两种模型都不是完美的，现实生活中所存在的社交网络既不是有着相同连接节点的规则网络，也不是一种纯粹的不能确定线(边)的随机网络。而应该是一种具备两者特点的复杂网络。

2. 复杂网络多维性的体现

到了 20 世纪 90 年代，科学界对于社交网络的可视化表达又迸发出了新的思想，提出了小世界网络以及无度网络的概念模型[11]。1998 年，Watts 和 Strogatz 提出的小世界网络模型充分结合了规则网络与随机网络的特点。在小世界网络中，初始的网络模型是以规则网络形式存在的，每个节点都有着相同数目的相邻节点，不同的是，小世界网络模型采用概率来判断是否切除已经存在的线(边)，当概率为 1 时，小世界网络将会切断初始的线(边)，并随机选择新的节点进行再一次的判断过程。1999 年，Barabasi 和 Albert 提出，真实社交网络的连接情况具有长尾效应和马太效应，也就是说，只有少部分社交主体会在社交网络中占据大量的连接资源，可以将这部分社交主体类比为社交平台中的意见领袖：一方面，意见领袖在社交网络中占据了绝大多数的社交资源；另一方面，意见领袖的社交资源会越来越壮大，而一般的社交主体则不具备这种特征。Barabasi 和 Albert 认为这种分布是没有可度量的特征的，符合幂律函数的形式，因此提出了无度网络的概念模型。

复杂网络模型的提出体现了社交网络的多维性。对于网络模型，其多维性还体现在一些统计学特征上，以随机网络为例，下面介绍网络的一些属性：

(1) 度(k)及度分布($P(k)$)。在网络模型中，对于某一节点，度表示该节点的相邻节点的个数，也就是与该节点相连的线(边)的数目。对于整个网络，网络的度表示在网络中所有节点的度的平均值。

度分布则表示在网络模型中，不同度数的节点个数占节点总数的比例。

随机网络的度分布近似符合泊松分布：

$$P(k) \approx e^{-pN} \frac{(pN)^k}{k!} = e^{-\langle k \rangle} \frac{\langle k \rangle^k}{k!}$$

(2) 平均路径长度(L)。在网络模型中，两个节点之间可能并不存在直接相连的线(边)，而是通过一些中间节点，达到相互关联的目的。而节点间的距离就是指联系两个节点间最短路径的所包含的线(边)的数目。对于网络，平均路径长度是指网络中所有节点对的平均距离，它表明网络中节点的分离程度。

随机网络的平均路径长度满足如下表达式：

$$L \approx \frac{\ln N}{\ln \langle k \rangle}$$

(3) 聚集系数(C)。在网络中，节点的聚集系数是指与该点相邻的所有节点之间连边的数目占这些相邻节点最大可能连边数目的比例。而网络的聚集系数则是指网络中所有节点聚集系数的平均值，它代表了网络的聚集性。

随机网络的聚集系数满足如下表达式：

$$C = p = \frac{\langle k \rangle}{N}$$

8.3.2　多维复杂网络数据可视化算法

1. 网络论坛数据可视化

随着可视化研究的进一步发展，越来越多的数据可视化技术逐渐涌现。在前面已经介绍过几种层次数据可视化的方法。不难看出，多维的复杂网络数据也具有层次化的数据结构，但网络数据的复杂性、多维性经常导致其可视化效果布局混乱，且算法执行时间过长，给用户带来不好的体验，对于多维的网络数据，本节介绍一种关联规则原理[13]来实现网络数据可视化。

2. 关联分析网络数据

关联规则是一种常用的机器学习算法[14]。通过关联规则，可以挖掘信息实体及数据间暗含的、独特的关联关系和潜在规律。在数据科学领域，关联规则是由技术人员所制定的用于数据挖掘的算法[15]。对于用户，不需要清楚关联规则的具体算法实现，只需要知道输入和输出即可，数据挖掘过程不是他们所关心的内容，即使这一过程对用户不可见也不会对结果产生任何影响。但在数据可视化领域，用户则需要参与这一过程，并对数据挖掘这一过程有所掌控。

对于可视化系统，最主要的系统目标就是将数据结果以可视化的形式呈现给用户，帮助用户挖掘潜在规律，进而辅助决策，这也正是关联规则的根本目的。如果将关联规则的思想应用到可视化系统中，那么可视化系统将会把关联规则的这一过程及相应的结果以可视化的形式展现出来，在增强普适性的同时，也大大增强了结果的可读性[16]。目前，已经有一些较为成熟的可视化技术与关联规则相结合：基于表的可视化技术、基于二维矩阵的可视化技术、基于有向图的可视化技术、基于平行坐标的可视化技术、基于规则多边形的可视化技术等[17]。

8.3.3　网络数据可视化的方法

对于网络数据的可视化研究方法，一般主要集中在三点：①网络结构关系的确定[18]——网络布局，对于网络数据，这一点尤为重要，通常采用图的结构来描述网络结构；②需要利用图将网络数据的独特属性进行可视化；③需要在可视化结果对网络结构中的用户交互加以体现[19]。

在树状结构中，将信息实体称为节点，在此为加以区分，将网络结构中的信息实体称为顶点，各顶点之间的连线表示这两个顶点具有相邻关系。

对于网络数据，常用的可视化方法主要包括节点链接法、邻接矩阵法、混合布局法。

1. 节点链接法

类似于层次数据可视化中的节点链接法，在网络数据可视化中，依旧延续了上述思想：图中的顶点表示信息实体，表示信息实体间的关联关系。这样的表达清晰直接，具有较高的可读性，方便用户理解，是一种最直接的可视化方法。

不同于层次数据可视化的是，网络数据可视化中的节点链接法对于图中各顶点的位置布局并没有要求，只要将图中的顶点和顶点之间的关系表达清楚即可。但在实际应用中，创建美观的图形布局并不容易。一般来说，创建网络数据可视化的图形需要遵循以下四条准则：

(1) 连接边的交叉要尽可能少。

(2) 顶点和边的位置要尽可能均匀。

(3) 整体布局对称，边长尽量统一。

(4) 连接边要尽量平滑。

此外，对于图形整体，其纵横比、所有连接边的数量的和也是要考虑的重要因素。节点链接法因其能够对网络结构、用户交互关系进行明朗的表达，因此在网络数据可视化领域得到了较多应用。第 2 章图 2-7 的天津地铁图采用节点链接法对交通网络进行了可视化表达[20]。

2. 邻接矩阵法

除节点链接法，常用的网络数据可视化方法还有邻接矩阵法。邻接矩阵法的主要思想是用一个 $N \times N$ 的矩阵来表示网络中的各顶点及顶点关系。矩阵中的一行一列对应一个信息实体，矩阵的位置(i,j)描述了第 i 个信息实体和第 j 个信息实体之间的关系。

　　邻接矩阵的另一个优点就是能够利用矩阵形式，即矩阵的对称性，清楚地表达网络关系的方向性。对角线对称矩阵表示网络关系是无向的，而非对称矩阵则可以表达有向关系网络。邻接矩阵还经常用来描述书籍中的人物图谱关系等。图 8-16 是基于邻接矩阵法可视化的简单示例，可以看出图 8-16 是沿着对角线呈对称化分布的[21]。

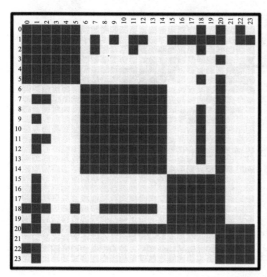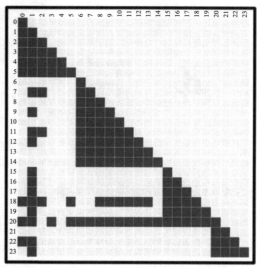

图 8-16　邻接矩阵法的排序示例

图片来源:http://vis.pku.edu.cn/blog/wp-content/uploads/2015/06/%E6%96%B9%E5%BD%A2%E7%9F%A9%E9%98%B5%E4%B8%8E%E4%B8%89%E8%A7%92%E7%9F%A9%E9%98%B5.jpg

　　邻接矩阵的自身性质决定了其可视化效果往往具有稀疏性，空间利用率不高。这是因为并不是所有的顶点之间都存在着关联关系，体现在矩阵上，就是稀疏矩阵。为了解决这一问题，通常还要采用高维嵌入法和最近邻旅行商问题估计法对稀疏的邻接矩阵进行排序。

　　总体来说，邻接矩阵法以矩阵呈现的形式避免了节点链接法布局不均匀、边与边可能交叉的缺点，适用于深层次的数据挖掘，但是对网络结构、网络关系的表达不够清晰明朗。而且，一旦网络结构中的顶点数目规模较大，邻接矩阵就不能保证在有限的屏幕空间将所有的顶点清晰地表达出来，甚至不能做到可视化。

3. 混合布局法

　　通过对以上两种网络数据可视化方法的介绍不难看出，对于数据规模大、网络关系较为简单的网络数据集，节点链接法能够直接明了地对其进行表达，展现较好的可视化效果。对于数据规模小、网络关系较为复杂的网络数据集，邻接矩阵法能够以明朗的布局展现可视化效果。

　　但在实际生活中，网络数据集并不是一味稠密(稀疏)的。单一地采用任何一种网络数据可视化方法都不能使其进行很好的表达，因此需要一种新的具备两者优点的网络数据可视化方法——混合布局法。使用混合布局法时，针对局部数据，用户能自由、灵活地选择可视化方法。由于混合布局法综合了节点链接法以及邻接矩阵法两种方法，因此混合布局法又称点阵法。图 8-17 是使用点阵法对网络数据进行可视化的效果图。

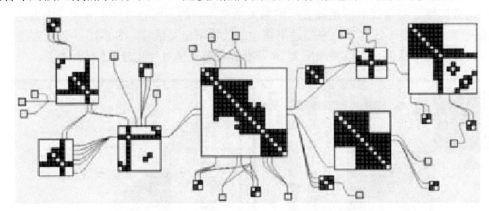

图 8-17　网络结构的点阵表现形式[21]

图片来源：http://www.doc88.com/p-5975851551424.html

8.3.4　网络数据可视化的主要工具

目前存在许多网络数据可视化的工具，由于划分标准不同，产生的类别也千差万别。本节以工具操作简易程度以及工具的可读性、通用性为划分标准，将网络数据可视化工具分为框架和类库。

1. 框架和类库

从应用角度来看，框架和类库算不上完整的应用软件，但出色的适配性和兼容性使得其得到了广泛应用。框架和类库是一类配置文件，能够满足多种多样的用户需求。用户在调用时，只需简单地进行修改调整就可以实现其可视化目标。常见的网络数据可视化的框架和类库主要包括 AGD 和 JUNG。

AGD 是基于 C++语言开发而成的，因此 AGD 也具有 C++程序语言的特点，是一个具有面向对象的、模块化、集成化的类库。因此，AGD 也基本能够全部满足二维作图的需求，此外 AGD 类库内还集成了许多算法工具。

JUNG 是一个基于 Java 语言开发的类库，Java 语言因其本身具有良好的兼容性和扩展性，曾经一度成为主流的程序设计语言。因此，对于 JUNG，它也可以通过调用 Java API 的方式来获取更多的功能和支持。值得注意的是，JUNG 的效率很大程度上依赖于计算机的运行内存。表 8-5 展现了两大类库之间的差异。

表 8-5　AGD 与 JUNG 的比较

比较项目	AGD	JUNG
语言	C++	Java
效率	高	低
是否免费	是	是

续表

比较项目	AGD	JUNG
是否开源	否	是
支持图形种类	折线图、曲线图等	直线图
是否提供框架支持	否	是
图的输入方式	编程、GraphML	编程、Pajek 文件、GraphML
支持算法数量	少	多
是否支持算法扩展	是	否

2. 常用的网络数据可视化工具

下面介绍一些常用的网络数据可视化工具。

Pajek 适用于分析较大规模的网络结构。由于 Windows 操作系统的变化，Pajek 现在可以处理近 10 亿个顶点的网络。对于更大的网络，已经开发了 PajekXXL 和 Pajek3XL，它们分别可以处理 20 亿个和 100 亿个顶点。PajekXXL 和 Pajek3XL 具有与 Pajek 相同的用户界面；如果可以使用 Pajek，那么也可以使用 PajekXXL 和 Pajek3XL。

NetMiner 是一款优质的网络分析软件工具，主要是线上收集分析数据，并能够从网络的角度来反映大数据的分析需求。它具有创新的功能，使用户能够通过利用来自社会网络分析、统计和数据挖掘的前沿技术以非常高效的方式分析数据。为方便用户，软件还具有用户分析后可在屏幕上实时可视化的功能，并能对分析后的输出进行二维或三维的交互分析和导航。

CiteSpace 是一个免费的 Java 应用程序，主要应用于科研领域，用于可视化和分析科学文献中的趋势及模式。它被设计成一个渐近知识领域可视化的工具，侧重于寻找一个领域或领域发展中的关键点，特别是智力转折点和关键点。CiteSpace 提供各种功能，以促进用户对网络模式和历史模式的理解及解释，CiteSpace 还支持对源自科学出版物的各种网络的结构和时间进行分析，包括协作网络、作者共同引用网络和文档共同引用网络。它还支持术语、机构和国家等混合节点类型的网络。

CFinder 是一款基于派系过滤方法(clique percolation method, CPM)、用于发现和可视化网络中重叠密集节点群的免费软件。CFinder 最近被应用于社会群体演化的定量描述，提供了一种快速、高效的方法来聚类由大型图表示的数据，如遗传或社会网络和微阵列数据。CFinder 对于定位大型稀疏图也非常有效。

8.4　习题与实践

1. 概念题

(1) 层次数据可视化的方法主要有哪几种？

(2) 层次数据比较可视化的方法主要有哪些?

(3) 网络数据可视化的方法主要有哪些?

(4) 网络数据可视化的工具主要有哪些?

2. 操作题

(1) 请你实际使用一款网络数据可视化工具如 UCINET 进行一次网络数据分析。

(2) 请你尝试使用 R 软件中的 Wordcloud 包、Java 包等进行一次词云分析。

参 考 文 献

[1] 周苏, 王文. 大数据可视化[M]. 北京: 清华大学出版社, 2016.

[2] Chang W. R 数据可视化手册[M]. 阮一峰, 译. 北京: 人民邮电出版社, 2014.

[3] 刘伯艳. 数据可视化系统框架可扩展方法的设计与实现[D]. 北京: 北京交通大学, 2017.

[4] 崔彬. 数据挖掘中多维数据可视化的研究[D]. 武汉: 武汉理工大学, 2006.

[5] 许彦如, 王长波, 刘玉华, 等. 多维网络论坛数据的层次可视化[J]. 计算机科学, 2011, 38(2): 206-209.

[6] 李志刚, 陈谊, 张鑫跃, 等. 一种基于力导向布局的层次结构可视化方法[J]. 计算机仿真, 2014, 31(3): 283-288.

[7] 张鑫跃. 层次数据的关联可视分析方法研究[D]. 北京: 北京工商大学, 2015.

[8] 李彦龙, 李国强, 董笑菊. 树比较可视化方法综述[J]. 软件学报, 2016, (5): 1074-1090.

[9] 赵健霏. 信息网络可视化分析系统研究与实现[D]. 北京: 北京邮电大学, 2017.

[10] 张昕, 袁晓如. 树图可视化[J]. 计算机辅助设计与图形学学报, 2012, 24(9): 1113-1124.

[11] 叶平浩. 基于社会网络分析的知识组织研究图谱[J]. 科技管理研究, 2013, 33(8): 148-152.

[12] Erdos P , Renyi A . On random graphs[J]. Publications Mathematicae, 1959, 6: 290-297.

[13] 孙秋年, 饶元. 基于关联分析的网络数据可视化技术研究综述[J]. 计算机科学, 2015, 42(s1): 484-488.

[14] 刘旭. 基于深度优先搜索的正方化树图布局算法[J]. 计算机系统应用, 2017, (5): 107-114.

[15] 陈谊, 张鑫跃, 陈红倩, 等. 一种双关联树的混合布局算法[J]. 系统仿真学报, 2014, 26(9): 2160-2165.

[16] 周兴林. 相依网络在不同网间连接下鲁棒性的研究[D]. 哈尔滨: 哈尔滨工业大学, 2013.

[17] 张高人. 面向复杂网络的可视化分析与挖掘工具的设计与实现[D]. 天津: 天津大学, 2016.

[18] 汪洁. 结构保持的层次、网络数据布局方法研究[D]. 合肥: 合肥工业大学, 2013.

[19] 复杂网络理论的研究状况综述[EB/OL]. https://max.book118.com/html/2018/1014/7011156166001152.shtm[2020-5-20].

[20] 复杂网络之城市交通网络[EB/OL]. https://www.jinchutou.com/p-21287748.html[2020-1-15].

[21] 迈克尔 J. 麦吉芬, 赵盛东. 树结构与网络结构的混合型可视化[J]. 中国计算机学会通讯, 2011, 7(4): 8-13.

第9章 文本及多媒体可视化

文本及多媒体可视化是可视化的一个重要应用，因为文本和多媒体数据是人们经常接触的信息来源之一。文本数据包括新闻报纸、微博、邮件、传单和各种网页上的文字；多媒体数据包括图片、声音、动画、视频等。对文本和多媒体的可视化，可以有效地处理数据，挖掘其中蕴藏的知识，提高搜索性能和减少搜索时间，具有极大的现实意义。

本章首先介绍文本的数据分析，旨在明确文本的处理方式，分为文本检索、文本规范化、文本分类和文本数据挖掘，提供将文本转化为数据的流程；然后讨论将不同类型的文本数据转化为可视化图表的方法以及使用的工具；在文本可视化的基础上继续讨论多媒体的可视化，先研究如何将多媒体转化为数据，即"特征抽取"，再探索多媒体数据的可视化途径。

9.1 文本数据分析

文本是人们日常生活最经常接触到的数据来源，包括新闻报纸、微博、邮件、传单和各种网页上的文字[1]。每个人都能从文本当中得到来自天南海北的数据。一位股民端坐在北京的写字楼，却在阅读上海证交所网站上的债券信息；一位中国球迷躺在自己的沙发上，也能从《中国体育报》查看雅加达亚运会的比赛结果。正是由于文本充斥着社会大众的生活，原始的文本变得冗杂，文本数据变得分散，甚至真假难分，所以对文本数据加以分析显得愈发重要。利用文本数据分析，可以得到潜藏在文本中的内容以及逻辑关系，提高阅读的效率。并且，文本数据分析也可以对文本的真实性进行筛选，防止虚假信息的误导。文本分析的步骤如图 9-1 所示，起点是"社会文本集"，即人们所能得到的所有文本，最终目的是得到人们真正关心的数据，并对其进行量化表示，即图最右侧的"关注数据"。

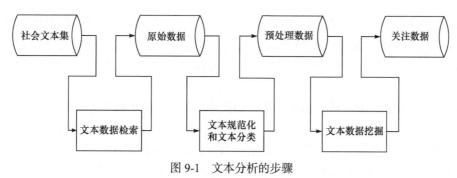

图 9-1　文本分析的步骤

9.1.1　文本检索

自万维网得到广泛应用以来，文本数据的获取变得越来越容易。网络用户只要将需要检索的信息输入百度或者 Google 的搜索框，就能获得很大的文本量。但是，互联网上的文字并没有经过严格的编辑和校订。如果检索过程中用户没有进行检查，很难保证文本数据的可靠性和有效性。从技术层面解读，文本信息检索是从海量的文本信息源里面提取到和用户检索词匹配的信息的过程。信息源就是某个信息检索系统。

在文本检索领域，广泛运用的模型是词袋模型。词袋模型将文本看成由单词组成的集合，忽略语法和文本顺序。图 9-2 是用《荷塘月色》里面的一句话演示的词袋模型。

图 9-2　词袋模型图解

图 9-2 将朱自清文章里一句优美的话用词袋表示了出来。这个词袋又可以表示为图 9-2 右侧的表格，表格中每个单词的词频就是该单词出现的次数。这里语句太短，所以每个单词仅出现一次，在长文本中单词一般会出现多次。但是值得注意的是，这里提取的单词是语句中所有的词，不具有代表性，例如，"地"、"和"这些词，就不如"月光"能揭示《荷塘月色》的主题；而且，词频可以一定程度上表示单词的重要程度，但是要具体表述单词在语言中的权重，还需要更加复杂的指标。成熟的词袋模型需要解决这两个问题，即需要做到：①提取重要的特征词，特征词就是具有代表性的词，是解读文本主题的最小单位；②寻找衡量特征词重要性的指标，因为同是特征词，在重要性上也有先后排序。

基于词袋模型的概念，文本信息检索采用的技术主要有布尔检索、向量空间检索和概率检索。

布尔检索：就是采用布尔表达式来表示用户的需求，通过对文本信息库里的文本标识与用户给出的检索式进行逻辑比较来检索文档，其所用的检索式是把检索用到的关键词用布尔运算符"+"(and)、"*"(or)还有"–"(not)连接起来的系统能理解的式子。

向量空间检索：为检索词加上权值，如检索时用到了 n 个词条 t_1、t_2、$\cdots$、t_n，那么用户的查询可以表示为向量 $Q_1 = (w_1, w_2, \cdots, w_n)$，其中 w_i 表示词条 i 的权重，即各个词的重要程度[1]。这种方法通过适当改变检索词对应的权重来衡量用户的检索需求与被检索文本的相关度，提高检索的针对性。检索时通过对文本中的关键词进行加权、计算得到文本之间的相似程度，使关键词相近的文本聚集在一起，以提升用户查询效率。图 9-3 将著名的唐代诗人李白诗集中广为流传的 775 首诗制作成词频向量，以方便对比和搜索。

单词	不	人	山	天	云	风	月	白	一
频数	784	717	655	601	654	485	478	473	460

图 9-3　李白及其诗集的词频向量

概率检索：首先依靠用户的搜索词与文档中单词的相关程度，把文档分为相关文档和无关文档。以概率论的贝叶斯公式为原理，通过计算搜索词文档中的概率来分别量化这些词在相关文档和无关文档之间的概率。再算出某一选定文本与查询式相关的可能性，系统依托这个结果输出检索结果[2]。

9.1.2　文本规范化

现在文本传播速度的提升，导致很多文本没有经过规范化即应用于交流和书写。很多词语通过简写、略写来代表特定的含义，有些学者将这样的词称为"非标准词"。以英语为例，如 asap(as soon as possible)、bff(best friends forever)等[3]。

此外，日常生活口语的使用习惯使文章语句中可能会出现一些成分(主语、谓语等)的缺失，也可能有诸多大小写错乱、标点符号省略等。这些不规范行为构成了文本中的噪声，与标准化语言不一致的成分给面向标准化文本的语言处理工具带来了干扰。解决上述问题的方法有两种：一种是不规范文本的规范化，将语句中和传统自然语言相悖的部分修正成规范的形式；另一种则是对现有的文本处理系统和文本分析系统进行调整，令其适用于普通用户创作文本时留下的不规范成分。

文本规范化的概念最早由 Sproat 等提出[4]，当初是为了解决文本到语音的转换(text-to-speech, TTS)系统无法将文本中的非标准词转化成语音的问题。Sproat 将文本规范化定义为：文本规范化是将非标准语言转化成符合上下文的相应标准形式的过程。

非标准词的产生原因一般分为排版错误和认知错误。排版错误主要是由于字母的替换和转置，如由于键盘上两个按键交换了位置。认知错误主要是由书写者不知道单词写法导致的，如将"modern"误拼成"morden"。当这种错误产生时，错误单词一般与正确单词读音相似。

单词拼写修正的原则一般分为基于词形相近和基于分布相近两类。词形相近原则经典的解决途径是测量单词的编辑距离(edit distance，意指至少需要经过多少次变换能将一个词转换为另一个词)，以此来表示文本中的非标准词和用户试图表达的标准词的相似程度；分布相近原则是通过计算一个词可以被另一个词取代的可能性，用于执行语言模型平滑和词聚类等任务[5,6]。

因为文本种类繁多，浩如烟海，而且在平时工作生活中需求量很大，所以实时的相似度计算太过烦琐低效，通常满足不了人们对标准化文本的需要。所以，人们创造出基于词典的文本规范化工具来纠正语句中的拼写错误。从语料库中整理出用户可能会混淆的词语，以标准词和非标准词的词对形式保存在"字典"里。在规范化文档时可以通过查找字典来纠正错词。

9.1.3 文本分类

文本分类是指在一个文本集中，基于文本被提取出的关键词，由计算机根据某种自动分类算法，把文本分为预先定义好的类别。文本分类在过滤海量文本、迎合用户个性化的信息需求方面意义重大。

1. 文本分类的难点

文本分类面临两大难点：①训练样本规模庞大；②文本的特征向量有极高的向量维数。在中文文本分类中，通常采用词条作为最基本的独立语义载体，初始的未经简化的特征空间由出现在文本中的所有词条构成，即文本的"特征词"，用于标记文本。但是中文的词条数目太多，如何寻找合理的特征提取方法并计算特征权重、提升分类的速度和准确性，成为文本自动分类的首要任务。

2. 文本分类的步骤

文本分类大致可以分为文本预处理、文本特征抽取和分类器训练等步骤[7]，如图 9-4 所示，训练集经过完整的文本分类过程，得到了分类器，用于其他文本集合的分类。

在文本分类方面，应用最广的文本表示模型是 Salton 在 1975 年创建的向量空间模型。其理论可以概括为：将某个文本 d_i 看成一个 n 维向量 $(w(t_{i1}), w(t_{i2}), \cdots, w(t_{in}))$，$t_{i1}$、

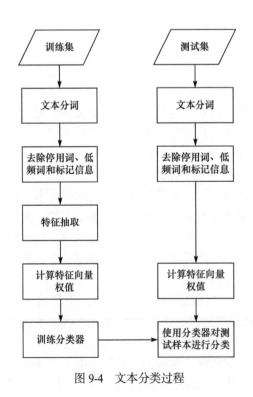

图 9-4　文本分类过程

t_{i2}、…、t_{in}为表示该文本的n个特征词，$w(t_{i1})$、$w(t_{i2})$、…、$w(t_{in})$是这些特征词的重要程度，通常是词频的某个函数值。w作为特征词的"重要程度"，直观地理解，就是在文本中用到这个词的频率越高，这个特征词就越"重要"，权重也越大。但这可能不是完全的线性关系。所以一般来说，应将$w(t_{in})$取为词频的函数。

用向量代表文本时，还要注意文本特征词的选择。若用户将一本中文小说进行基于中文词典的分词处理，即将小说中所有有意义的词条都作为一个维度，而中文的通用词典大概包括二十万多个词条，用户会把这本小说转换为有二十万个维度的向量空间。因为词典中的部分词条在这本小说中不出现，所以这二十万个维度里面有的特征值为 0。而且这些初始特征词中的很多词对小说的分类没有影响，甚至只用于完善语言结构，不能代表文本特征，如"因为"、"所以"、"但是"这样的虚词，不能表达文本的特征，而且在每篇文章中的频率差别不大。所以严格来说，这种词不是"特征词"，可以将其称为"平凡词"。这样的词汇会带来分类噪声，降低分类的精准性，应该从向量空间中将这些维度去掉。于是，在进行分类器训练之前，筛选出有意义的向量维度是必需的准备工作，这样可以大大压缩特征空间的体量，在存储空间和运算时间上简化接下来的分类计算过程[8]。

3. 文本分类器的种类

分类器算法繁多，下面选择文本相似度法和支持向量机作为案例加以说明。文本相似度法就是一种基于样本相似度的质心分类法[9]。算出待分类的样本文档d_i的特征向量和各个文档类别的代表向量(即质心)的余弦相似度，结果越大说明样本文档d_i和此类文档越相似。之后把该样本文档判分为相似度最大的那个文档类别。计算方法是

$$C = \max_j \cos(d_i, V_j) = \frac{d_i \times V_j}{|d_i \| V_j|} = \frac{\sum_{l=1}^{n} w(t_{il})w(t_{jl})}{\sum_{l=1}^{n} w(t_{il})^2 \sum_{l=1}^{n} w(t_{jl})^2}$$

式中，d_i为文档集中第i个文档，用向量表示，$d_i = (w(t_{i1}), w(t_{i2}), \cdots, w(t_{in}))$，$t_{i1}$、$t_{i2}$、…、$t_{in}$为该文本的$n$个特征词，$w(t_{i1})$、$w(t_{i2})$、…、$w(t_{in})$是这些特征词在$d_i$里的重要程度；$V_j$为文档集中第$j$个文档类别的代表性文档，$V_j = (w(t_{j1}), w(t_{j2}), \cdots, w(t_{jn}))$；$\max_j \cos(d_i, V_j)$，若干$V_j$（$j = 1, 2, \cdots, n$）里面和$d_i$向量的夹角余弦的最大值，若存在这样的值，则说明$d_i$和$V_j$最接近，$d_i$应该被分在$V_j$所在的文档类别；$\frac{d_i \times V_j}{|d_i \| V_j|}$中分子$d_i \times V_j = \sum_{l=1}^{n} w(t_{il})w(t_{jl})$是两个向量的乘积，分母$|d_i \| V_j| = \sum_{l=1}^{n} w(t_{il})^2 \sum_{l=1}^{n} w(t_{jl})^2$是两个向量的模的乘积。

支持向量机是一种机器统计学习技术，近些年已被广泛应用于模式识别的多个领域，都有较好的表现。用空间中的点来表示样本的特征向量，基于这些点所处的相对位置，如果能够用一个超平面区别出不同类的点，则该样本是线性可分的。之后支持向量机在

这个样本空间中建立一个离两种样本间隔最大的超平面。如图 9-5 所示，图中用两种不同的形状表示两种可分的样本。在若干种分割方法中，只有超平面"$\vec{w}\cdot\vec{x}+b=0$"离这两种点间隔最远，所以超平面"$\vec{w}\cdot\vec{x}+b=0$"称为最优超平面。

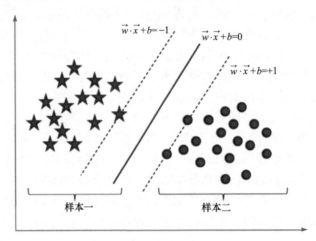

图 9-5 支持向量机的几何解释图

9.1.4 文本数据挖掘

文本数据挖掘是指从大量文本数据中发掘信息和知识的计算机处理技术。《欧盟数字化单一市场版权指令》提案将文本数据挖掘定义为："为了获取模式、趋势、相关关系等信息而对数字格式的文本与数据采取的任何自动化分析手段。"也有人认为文本数据挖掘是"从计算机可以处理文本内提炼有价值信息的过程"。作为一类复杂的自动化处理过程，文本数据挖掘由若干段计算机处理步骤构成，前导过程有信息的复制、提取，后续过程有对复制结果的处理、分析等。最终能够发现数据的规律或者趋势[10]。

1. 特征词权重计算

对文本进行初步处理后，就需要用合适的方法表示出文本，这时可以确认文本的特征词，并计算出这些特征词的权重，就像上文提到的，把文本转换为一个 n 维向量。权重的确认有很多途径，最简单的方法就是直接用词频表示权重。即一个词在文中出现越多，越重要，也就越能反映这个文本的情感和含义[11]。这里对李白的诗集进行特征值统计，先将其以文本文档保存在计算机中，再编写 Python 代码如图 9-6 所示。

```python
import codecs
import matplotlib.pyplot as plt
from pylab import mpl
mpl.rcParams['font.sans-serif'] = ['FangSong']  # 指定默认字体
word = []
counter = {}
with codecs.open('libai_poems.txt', encoding='utf-8') as fr:  # 打开文档，文本中有77首李白的诗词
```

```
for line in fr:
    line = line.strip()  #提取文章的每一行
    if len(line) == 0:
        continue  #若这一行没有字，就跳到下一行
    for w in line:
        if not w in word:
            word.append(w)  #把词加入到由关键字组成的词典里
        if not w in counter:
            counter[w] = 0
        else:
            counter[w] += 1  #计算关键字的频数
counter_list = sorted(counter.items(), key=lambda x: x[1], reverse=True)
print(counter_list[:50])
```

图 9-6　特征值权重计算 Python 程序

　　李白是中国古代著名的诗人，共有 900 多首诗歌，但是年代久远很多诗歌已经流失。这里选取了 775 首诗，而文本长度是 94243，用以上代码，得到一组词频，表 9-1 是词频向量的一部分。在李白的诗作中，经常用"不可"或者"君不见"等，如《将进酒》中的"君不见黄河之水天上来"，"人、山、天、云、风"也是李白经常用的意象。

表 9-1　词频向量示例

字	不	人	山	天	云	风	月	白	一
频数	784	717	655	601	654	485	478	473	460

　　但是词频向量会随文本量的增加而增加，为了排除文本长度的影响，学者引入单文本词频(term frequency，TF)这一概念。例如，上文中"不"出现了 784 次，而文本长度是 94243，则"不"的单文本词频是 0.0083。

　　在一篇文本量足够大的文本中，或者一个容量很大的文本集合中，单靠词频很难决定某个特征词的重要性。例如，一篇文章中出现了很多次"书本"，但"书本"无法体现这篇文章是在讲教育、讲阅读或者讲其他事。因为这个单词的覆盖面广。但是如果一篇文章里出现了很多"数据库"，那么这篇文章很有可能在讲数据库的相关知识。也就是说，当一个单词的使用领域很广或者使用率很高时，它在某个文本中的权重会降低；当一个单词的使用领域较窄或者使用率很低时，它在某个文本中的权重会升高。

　　这里就引出逆文本频率(inverse document frequency, IDF)：如果一个文档集里有 N 个文档，其中特征词 t 在其中数量为 N_t 的文档里面被使用过，那么特征词 t 的逆文本频率是 $\lg(N/N_t)$。结合单文本词频和逆文本频率的定义，经计算可以得到特征词 t 修正过后的权重为 $\mathrm{TF}(t)\times\lg(N/N_t)$，该公式称为"TF-IDF 权重度量"。

2. 文本情感分析

　　文本情感分析又称意见挖掘，是对带有创作者个人情感的文本进行分析、处理、归纳和推测的过程。最初的文本情感分析起源于造句里面对有心理偏好的词语的运用，如"善良"是有正面情感的词，而"邪恶"是有负面情感的词。随着用户在创作文本时大量地应用带有个人情感的语句，并以此组成整篇文档，所以单纯的情感词语的研究已经不

足以得出理想的结论，学者开始将目标扩展为更长的带有情绪的语句以及带有情绪的篇章。现在，按照所研究的文本的规模，文本情感分析可列为词语级、短语级、句子级、篇章级以及多篇章级几个研究层次[12]。

9.2 文本可视化

文本可视化主要是指对纷繁复杂的海量文本信息通过文本数据分析的方法提取出有效的信息，再通过可视化的方法来表示计算出的数据，帮助人们迅速了解有价值的信息，提升文章阅读效率。文本可视化重点在于用什么方法迅速提炼文本的关键内容，先通过文本挖掘的手段，将关键信息提取出来，但是提取出的结果不一定能被用户接受。例如，利用关键词权重计算得出的词频向量，就很难被一般用户理解。因此，要以易于感知的图形或者图表方式把它们展现出来[13]。

基于文档内容的可视化既能运用于单独的某个文档，也能运用于多个文本组成的集合。综合运用可视化的方式来显现统计结果，有助于人们迅速了解文档的主要内容，对于用户接下来的分析工作具有很大的推动作用。

9.2.1 文本可视化的必要性

随着媒体网络的发展，文本的网络传播变得极为方便，导致信息类型丰富多样且冗杂，使得人们很难直接从海量的数据中得到有价值的信息。而可视化过程可以把文本里深层信息和潜在规律直观地向用户展示，面对大量的文档资源，文本可视化能够对文本信息实现抽象和概括以让用户接受。它呈现的不单单是丰富多样的图形、图表或者两者的结合，更重要的是，可视化能够发现文本或者一个多文本集合中潜在的、有意义的规律。因此，可以利用计算机来实现文本的可视化，得到这种潜在的规律，这样有利于用户进一步分析文本。

9.2.2 文本可视化的类型

文本类型多种多样，有单文本、多文本、时序文本、特殊文本[14]。

对于单文本，读者更关心的是文本的主题或者要表达的核心观点，这时可以用标签云、单词树等将单文本中的特征词可视化；对于多文本，读者可能更关心文本之间的隐藏关系、相同主题在不同文本里面的权重、不同主题在文本集里面的分布等；时序文本则要考察文本的时序性，多用时间轴来辅助表达；除此之外，还有许多特殊的文本，如软件的代码、问卷实验所用的问卷等。

1. 单文本可视化

1) 标签云

标签云也称为文本云或者单词云，是最直接、最常见的对文本进行可视化的方法。标签云一般通过字体的大小和颜色来反映特征词的权重，权重越大，特征词的字体越大，颜色也就越显著。

在本书的撰写过程中，从学生当中抽取了部分样本，让他们用一段文本描绘自己的性格，并整理相同星座的学生的性格。现将一位学生的文本用标签云可视化，如图 9-7 所示，从图 9-7 中可以明显地看出该同学的性格中哪些是主要的，哪些是次要的。例如，"固执"这一性格占的比例很大，就摆在中间，字号和颜色都很显眼；而"纠结"这个性格不那么明显，就摆在旁边，字号和颜色也不鲜明。

图 9-7 标签云可视化的结果

2) 单词树

单词树不仅能将特征词可视化，还能体现文本的内部语言关系。其中，树的"根"是用户感兴趣的特征词或者文本中的"线索词"，单词树分支就是围绕着"根"的文本内容[15]。图 9-8 为以马丁·路德·金的《我有一个梦想》为示例画出的单词树，可以很好地展现这篇演讲稿的行文逻辑，表达出文本的含义。

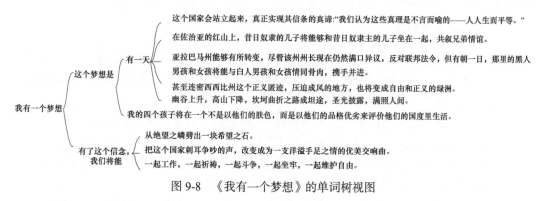

图 9-8 《我有一个梦想》的单词树视图

2. 多文本可视化

1) 雷达图

雷达图又称戴布拉图、蜘蛛网图。传统的雷达图被用来呈现多维(4 维以上)数据的大小。它将若干个维度的数据绘制在相同数量的坐标轴上，这些坐标轴起始于同一个圆心并向外"辐射"，将绘制好的数值点用线连接起来就成为雷达图。而离圆心远的点，代表的数值较大；离圆心近的点，代表的数值较小。

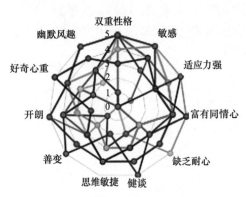

图 9-9　双子座同学的性格分布

雷达图能描述单个个体在各个维度上的数值，但是它在多文本可视化中也有自己的优势。当某个特征词在多个文本中都出现时，可以建立一张雷达图，用不同的线代表不同的文本，以节点的位置比较这几个文本在这几个特征词上的权重。实验里也收集了许多相同星座的学生的性格，例如，有 9 位同是双子座的学生所写的自身性格，以 9 种颜色的线条表示这 9 位同学。绘制图 9-9，发现他们在好奇心、适应力、敏感性等方面有一定的差距。

2) 星系视图

星系视图将文本集合中的文本按照主题相似性进行布局，并采用了一个隐喻——将文本集内的每个文本比作天上的星星，以这些星星来代表每篇文本。并且在绘制视图的过程中，将主题接近的文本绘制在相近的地方。绘制成疏密有致的"星系"，这样可以直观地看见，密集的地方表示接近这一主题的文本有好几篇，表明这一个主题就能表示这个多文本集的特征或者思想内容。

3) 主题山地

主题山地(themescapes)可以看成星系视图的改进。用抽象的三维山地视图隐喻文本集合中各个文本主题的分布，其中用高度与颜色来编码主题相似的文本的密度。相似主题的文本越密集，在视图里"山地"的高度就越高。所以在"主题山地"里，"山头"就表示这一文本集的重要特征词。

3. 时序文本可视化

时序文本通常是具有内在顺序的文本集合，如一段时间内的新闻报道、某个人撰写的旅途日志等，由于时序文本有内在的时间联系，所以需要重点考虑主题随着时间这一变量的变化如何进行可视化。

主题河流(themeriver)是时序文本可视化的常用途径，将主题随时间的改变表现为"河流"宽度随时间变量的改变[12]。如图 9-10 所示，时序文本中的每个特征词用某个特定颜色的河流表示，横轴表示时间，河流的宽度表示特征词权重的变化。从主题河流当中，用户可以看到每个特征词的重要性随着时间的改变。

但是主题河流有一个缺点，即无法反映特征词内容的变化。可能到某个时序后，某个特征词就从文章中消失，即权重下降为零。同时，也有可能有新的特征词出现。所以有了新的可视化方法——TIARA。TIARA 可以视为改进的主题河流，与主题河流的不同之处在于它结合了标签云技术，用标签云来表示关键时间的特征词，而且字号越大，权

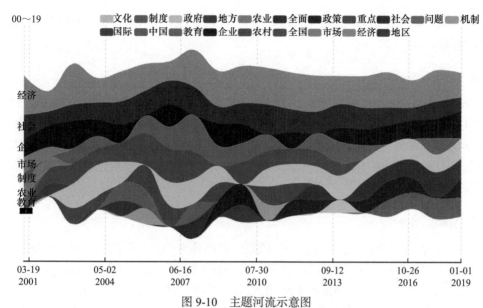

图 9-10　主题河流示意图

图片来源: https://www.jianshu.com/p/1f82d04727c0

重越大。

4. 特殊文本可视化

有很多文本并不是用来沟通的信息载体，而应用于其他方面，如程序代码文本和问卷调查所用的问卷等。

由于问卷的目的一般是调查实验对象的关注点，问卷作为文本的特征词并不能反映调查结果，因此可以将问卷的答案单独汇总。对问卷中的选择题以办公软件中的图表，如 Microsoft Office 来汇总。再将问卷中的主观题用多文本可视化的方法得出调查对象的关注点。而程序代码的可视化也有相应工具，如 SeeSoft，它能将代码的统计数据进行可视化处理，以统计图的方式表示出代码的修改时间、修改次数和调用次数等。

9.2.3　文本可视化工具和语言

在之前的讨论中，解决了如何将文本数据转换成理想的数据形式。但是在完成以上工作之后，应当用软件工具将文本数据可视化。可视化的工具有很多，这里介绍主要的几种。有些软件是不需要编程技术，可以即时使用的，如 Microsoft Excel、Google Spreadsheets、Many Eyes 等。也有很多编程语言，例如 Python、PHP、Processing 等[16]。下面对这些可视化工具进行简单论述。

1. Microsoft Excel

Microsoft Excel 是非常大众化的一个软件，它提供了各种各样的图表类型以供大众选择，包括柱形图、折线图、饼状图和散点图，虽然 Excel 形成的图表很难进行深度分析，但对日常的数据整理工作还是比较有用的。例如，一个教师，他需要掌握学生成绩的分布情况，那么用 Excel 已经可以满足这个需求。正是由于 Excel 的便捷性使得它得到大众的欢迎。

2. Google Spreadsheets

Google Spreadsheets 很大程度上可以说是云版本的 Microsoft Excel，它和 Excel 的功能共同点有很多，不同点在于：在使用 Google Spreadsheets 时，用户的数据都被存放在 Google 的数据库里，只要登录自己的 Google 账号，就能够在网络上查看要分析的数据，进而生成图表。同时在 Google Spreadsheets 上，用户可以很方便地把自己的文件共享给其他人，做到实时协作。

3. Many Eyes

Many Eyes 是 IBM 主导开发的一个项目，目前还未能广泛运用。它是一个在线可视化程序，拥有将文本信息可视化的工具库，即 Word Tree、Tag Cloud、Phrase Net 和 Word Cloud Generator 四种功能。Many Eyes 的设计目的是希望引导人们用群组的形式探索大规模的数据集，并从中挖掘到更多有意思的信息。Many Eyes 的一个优点是其中的可视化方法都是可交互的，而且部分图表结构接受用户的定制。除了传统图表和地图工具以外，Many Eyes 还提供了其他工具，如本书之前提到的单词树和标签云。

4. HTML5 Word Cloud

这款在线标签云生成器，是为了分析用户在社交网络，如 Facebook、Twitter、Blog 等上面最常用的词汇而制作的。通过分析网站、社群平台的内容，可以更好地了解用户最常使用哪些文字，这些文字也透露出用户的生活、性格等信息。当然，也可以用来分析指定文本的标签云。之前已经分析了李白的作品，现在用标签云分析一下杜甫的诗作。具体时间，登录 HTML5 Word Cloud 网站(https://wordcloud.timdream.org/#)，上传本地文本——《杜甫诗全集》(一千余首诗歌)，就会出现图 9-11 的标签云，和李白的诗歌有很大的不同，杜甫的诗歌经常表现对于国都长安的守望、对于国家兴亡的哀叹，如《登高》的"万里悲秋常作客"，所以词频最多的是"万里"、"回首"、"故人"等。

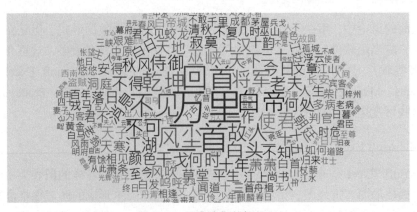

图 9-11　杜甫诗集的标签云

5. Tableau Software

Tableau Software 是适用于 Windows 的应用程序,其设计初衷是用于视觉化的数据研究和分析。而且 Tableau Software 在美学上也经过了精心的设计。该软件拥有大量可交互的可视化工具,也有较为突出的数据管理功能。Tableau Software 可以连接工作簿、文本文件和数据库,并导入数据,生成时间序列图、柱形图、饼状图、散点图等多种图形。

6. 文本可视化编程语言

1) Python

Python 能够处理体量庞大的数据,从而胜任繁重的计算和分析工作。Python 是一种面向对象的解释性的计算机程序设计语言,也是一种功能强大而完善的通用型语言,已经具有十多年的发展历史,成熟且稳定。Python 能够从 Web 下载数据,并支持多线程处理从而使得这一计算机语言的效率特别高。Python 的语法简洁而清晰,模型成熟稳定,可以胜任很多高层任务。也是出于 Python 的这些优点,它适用于很多操作系统或者数据分析平台。

2) PHP

有很多 Web 服务器都预先配备了 PHP 的开源软件。PHP 更接近普通群众的语言使用习惯,所以代码的编写并不困难,有助于用户将注意力集中于文本数据处理方法上。PHP 拥有很多功能,包括网页存储和文本解析功能。此外,PHP 的图形函数库有助于用户引用这些函数从而迅速绘制基本图表。例如,Sparkline,(微线表)库,其生成的图表具有外观小巧、信息密度大的特点,能够生成微型图表并且嵌入文本或者工作簿的单元格里面,Sparkline 也能在其他较大的表格中添加视觉元素。

3) Processing

Processing 是一种面向设计师及数据艺术家的计算机语言。最早的 Processing 功能单一,用于快速绘制图表,但后来被学者不断开发和拓展,慢慢胜任一些有深度的项目。Processing 的优点就是能快速上手:用户仅编写几行代码,就可以绘制出带有动画效果和交互功能的图表。

9.3　多媒体可视化

多媒体一词是由英文"multimedia"翻译而来的,是多种媒体的有机结合。具体来讲,就是把文字、图像、声音、动画、视频等媒体信息统一编译。

多媒体是一种技术,而不是信息的简单叠加。多媒体技术具有数字化、集成性、多样性、交互性、非线性和实时性等特点。而对多媒体进行可视化,面临的首要任务是迎合其多样化特征。虽然多媒体的信息类型、信息载体、信息处理方式都具有多样性,但是多媒体的特征抽取还是可以分为文本特征抽取、图像特征抽取、声音特征抽取。文本特征抽取类似于之前所写的对文本信息的特征值抽取,不同之处在于文本获得方式有差别,这里的文本只需要从字幕中摘取,或者用语音识别软件提取,本节不做详细解读。

9.3.1 图像特征抽取

一般而言，用于表示图像的特征可以划分为底层视觉表达和高层语义。高层语义是经过人脑感知后产生的，现有的计算机程序很难模拟这一步。所以在图像处理时一般都是通过底层视觉特征来反映图像的高层语义。例如，图像在颜色、纹理等方面的差别，也会对应不同的高层语义。通常而言，图像的底层视觉特征又可以分为全局特征和局部特征两类。

1. 图像的全局特征

典型的全局特征包括颜色、纹理、边缘、形状等。以下分别介绍这些全局特征。

(1) 颜色是图像的主要视觉性质之一。颜色由于计算简单、结果稳定等特点，现在已经成为图像检索系统中的常用特征。通常来讲，两幅图像如果内容相近，那么在颜色或者灰度级分布上也会相近，而这些特征对于平移、旋转、尺度缩放等图形变换具有不变性，因此可以通过颜色特征对图像进行检索。计算机通常使用 RGB 描述颜色。

(2) 纹理是指物体表面共有的内在特性，其包含了物体表面结构组织排列的重要信息及其与周围物体的联系。随着学者对图像纹理的不断探索，对纹理的分辨和提取获得了巨大突破，而且在图像检索的实践中运用了很多纹理特征。

(3) 边缘是指图像灰度在空间上的突变，或者在梯度方向上发生突变的像素集的集合，上述突变通常是图像中所包含物品的物理特征改变而造成的。

(4) 形状能够为用户过滤掉与图像特征无关的背景或者无关的目标，将后续的图像处理过程聚焦在与目标图像相近的图像上。形状特征一般分为以下两类：一是轮廓特征，即目标的外边界；二是区域特征，即整个形状区域。

除了颜色、纹理、边缘和形状，研究者还常常利用图像的空间位置信息来弥补上述特征的不足，提高图像搜索的性能。

总体来说，全局特征由于具有计算简单、表示直观等特点，在图像检索的初期有着很大的作用。但是特征维度过高是其存在的主要不足。并且在某些情况下，如图像视角变大、目标被遮挡、目标与复杂背景交错，全局特征的抽取结果会不太理想。这种时候，图像的局部特征就比全局特征更能反映图像内容。

2. 图像的局部特征

在图像局部特征的抽取中，最常用的模型是词袋模型[17]。

词袋模型最初应用于文本处理领域，将文本表示成与顺序无关的关键词的组合，再计算这些关键词的词频来匹配或者归类文本。近几年来，图像处理领域的学者成功地将该模型运用到图像处理过程中，通过对图像进行特征提取和描述，将一幅图像分割为一系列局部区域或者说关键点的集合，然后将这些区域或者关键点构建成"单词袋"。最终就可以利用每个图像生成的"单词袋"对不同的图像进行匹配和归类，具体方法是代入训练的分类器中进行分类，如图 9-12 所示。

词袋模型的关键步骤包括两个方面，一方面是如何对图像进行特征提取，另一方面

对象　　　　　　　　　　　　　视觉单词袋

图 9-12　词袋模型的转化结果

是视觉词典的构造方法。针对特征提取环节，比较经典的方法是使用尺度无关特征变换 (scale-invariant feature transform, SIFT)。尺度无关特征变换通过在尺度空间对稳定特征点的测量，能够在一定程度上抵抗光照、视角、尺度以及仿射变换的影响。而针对视觉词典构造环节，词袋模型通常会运用 K-means 聚类方法。该方法将训练图像库的大量特征按照相似性进行聚类，一般采用欧氏距离作为度量标准，属于非监督型聚类方式。

9.3.2　声音特征抽取

音频特征分析在音频自动分类中意义重大，所选取的特征应该能够充分表示音频频域和时域的重要分类特性，对环境的改变具有鲁棒性和一般性。帧是处理音频信号的最小单位，所以在抽取音频特征时可以计算出每一帧的特征值，然后在此基础上计算出片段层次上的特征值。

1. 帧层次上的音频特征

在帧层次上，用来衡量音频特征的有频域能量、子带能量比、频率中心、带宽等指标。

(1) 频域能量。$E = \log\left(\int_0^{x_0} F(x)^2 \, \mathrm{d}x\right)$，$F(x)$ 是该帧的快速傅里叶变换(FFT)系数，x_0 是采样频率的 1/2。利用频域能量 E 来评判某一帧是否是静音帧，若该帧的频域能量达不到阈值，就认为该帧是"静音帧"；若达到了阈值，就是"非静音帧"。

(2) 子带能量比。将频域划分为 4 个子带，分别为 $[0, x_0/8]$、$[x_0/8, x_0/4]$、$[x_0/4, x_0/2]$、$[x_0/2, x_0]$，并计算各子带能量的分布，计算公式是 $D = \dfrac{1}{E}\int_{L_i}^{H_i} F^2(x)\mathrm{d}x$，即各子带能量与频域总能量的比值。其中，$H_i$ 和 L_i 为子带的上、下边界频率。不同类型的音频段，其能量在各个子带区间的分布有所不同。音乐的频域能量在上述各个子带区间的分布比较均匀；而语音中，能量主要集中在第一个子带。如图 9-13 所示，明显第一个频域的能量最大，所以说可以推断出图 9-13 的音频是一段语音。

频率中心和带宽也是重要参数，频率中心是用来度量音频亮度的指标，带宽是表示音频频域范围的指标。但是在很多情况下，仅从帧的角度理解音频是远远不够的，音频的复杂性决定了学者在此基础上需要从片段层次上分析音频特征。

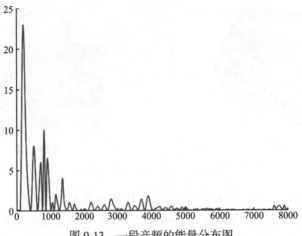

图 9-13　一段音频的能量分布图

2. 片段层次上的音频特征

片段层次上，每个片段有静音比例、子带能量比均值、频谱流量等典型的特征。

(1) 静音比例。前面介绍了"静音帧"的判别方法，而静音比例的计算方法是：静音比例=片段中静音帧的数目/片段中帧的总数。人们讲话通常不是每个发声都连续，难免会有中断，所以语音静音比例大于音乐。由此静音比例可以用于判断某段音频是语音还是音乐。

(2) 子带能量比均值。子带能量比均值是在"子带能量比"概念的基础上，求片段中各子带能量比的均值。

(3) 频谱流量。频谱流量是一个片段中相邻两帧之间频谱变化量的均值。语音的频谱应该呈现高低错落，音乐因为从创作时就追求"悦耳"，所以从频谱上一般不具有高低错落的特点，常会表现出一些比较平滑的音频段。

图 9-14 是一段音频的频谱流图，由之前对频谱的介绍可知在 0～130s，频谱高低错落，是一段语音；在 130～300s，频谱平滑，是一段音乐。

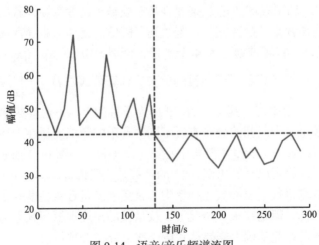

图 9-14　语音/音乐频谱流图

9.4　习题与实践

1. 概念题

(1) 文本数据分析的意义在于什么？步骤有哪些？

(2) 介绍一下文本分类领域的常用模型，并写出其步骤。

(3) 介绍文本可视化的一种方法。

(4) 相对于文本可视化，多媒体可视化的关键是什么？

(5) 图像特征抽取会对哪些全局特征进行抽取？

(6) 从声音的哪些特征值可以区别语音和音乐？

2. 操作题

(1) 搜索一篇不少于 200 字的诗，以出现次数最多的五个单词(词语)为特征词做出本诗的词频向量，计算这五个词的单文本词频值。

(2) 找某位名人的一篇性格介绍，以此文本为对象，生成这位名人的性格的标签云。

参 考 文 献

[1] 李广原, 陈丹. 文本信息检索技术[J]. 广西科学院学报, 2001, 17(2): 57-60.

[2] 杨芳, 张明亮. 概率在信息检索中的应用[J]. 中国科技信息, 2014, (22): 143-144.

[3] 罗程多, 吴晓蕊. 薛凯, 等. 社交文本规范化研究综述[J]. 网络新媒体技术, 2017, 6(5): 10-14.

[4] Sproat R, Black A W, Chen S, et al. Normalization of non-standard words[J]. Computer Speech & Language, 2001, 15(3): 287-333.

[5] Brill E, Moore R C. An improved error model for noisy channel spelling correction[C]. Proceedings of the 38th Annual Meeting on Association for Computational Linguistics, 2000: 286-293.

[6] Toutanova K, Moore R C. Pronunciation modeling for improved spelling correction[C]. Proceedings of the 40th Annual Meeting on Association for Computational Linguistics, 2001: 144-151.

[7] 薛炜明, 侯霞, 李宁. 一种基于 word2vec 的文本分类方法[J]. 北京信息科技大学学报, 2018, 33(1): 71-75.

[8] 周茜, 赵明生, 扈旻. 中文文本分类中的特征选择研究[J]. 中文信息学报, 2004, (3): 17-23.

[9] 代六玲, 黄河燕, 陈肇雄. 中文文本分类中特征抽取方法的比较研究[J]. 中文信息学报, 2004, 18(1): 26-32.

[10] 李涛. 数据挖掘的应用与实践: 大数据时代的案例分析[M]. 厦门: 厦门大学出版社, 2013.

[11] 谢华. 基于特征选择和质心构建的文本分类研究[D]. 大连: 大连理工大学, 2010.

[12] 陈馨莳. 面向社交网络的文本可视化技术研究与实现[D]. 成都: 西南交通大学, 2017.

[13] 唐家渝, 刘知远, 孙茂松. 文本可视化研究综述[J]. 计算机辅助设计与图形学学报, 2013, 25(3): 273-285.

[14] 陈为, 张嵩, 鲁爱东. 数据可视化的基本原理与方法[M]. 北京: 科学出版社, 2013.

[15] Wattenberg M, Viegas F B. The word tree, an interactive visual concordance[J]. IEEE Transactions on Visualization and Computer Graphics, 2008, 14(6): 1221-1228.

[16] Nathan Y. 鲜活的数据: 数据可视化指南[M]. 向怡宁, 译. 北京: 人民邮电出版社, 2012.

[17] 王莹. 基于 BoW 模型的图像分类方法研究[D]. 哈尔滨: 哈尔滨工程大学, 2012.

第10章　社会网络分析可视化

通过网络聊天、博客、播客和社区共享等途径，人们实现了个体社交圈的逐步扩大，最终形成一个连接"熟人的熟人"的大型网络社交圈。在社会网络这个虚拟社会，人们的行为与其在现实生活的行为具有共性。分析网络用户的行为规律，如人在社会网络中的个体流行程度和活跃程度等已经成为研究热点[1]。而可视化作为一类重要的信息可视化技术，充分利用人类视觉感知系统，将网络数据以图形化方式展示出来，可以快速直观地解释及概览网络结构数据。借助可视化技术进行社会网络分析能够更加全面直观地了解社会网络背后的内涵。本章从社会网络开始，通过与可视化的结合及在相关领域的应用，一方面可以辅助用户认识网络的内部结构，另一方面有助于挖掘隐藏在网络内部的有价值信息。

10.1　社　会　网　络

有一句格言说道：不在于你知道什么，而在于你认识谁。埃米尔·涂尔干(Émile Durkheim)说过："有一种观点认为，对于社会生活的解释，不应当靠参与者的观念进行，而应当根据尚未被自觉认识到的更深层的原因进行。"由此可以看出隐藏在网络内部的有价值的信息，而通过社会网络分析，能够对网络结构有更深的理解。本节对社会网络的概念和原理进行阐述。

10.1.1　社会网络的概念

1. 社会网络的基本概念

社会网络[2]是指社会行动者之间存在的关联，将社会行动者看成无数个点，研究点与点的联系，如图 10-1 所示，传统的社会网络研究个人间的关联，而随着事物的拓展，一个网络行动者可以超越个人转变为商业团体、国家等。

图 10-1　社会网络

社会网络是以人或人的群体为节点构成的集合[3]，这些节点之间具有某种接触或相互作用模式，如朋友关系、亲属关系、同事关系或科研合作关系等。

社会网络可以简单地称为行动者之间连接而成的关系结构。从分析的角度来看，社会网络通常划分为两大类：个体网络和整体网络。

个体网络，或称自我中心网络，又称主体网络，是指在网络中有一个核心的行动者，他(她)与其他行动者都有关联。这种情况常用来说明个人所受到的物质和情感的帮助等。图 10-2 是一个个体网络示意图。

图 10-2 个体网络示意图

整体网络，又称社会中心网络，即在网络中不存在明显的以某一成员为核心的结构，它侧重说明的是一个相对封闭的群体或组织的结构特征。图 10-3 是一个整体网络示意图。

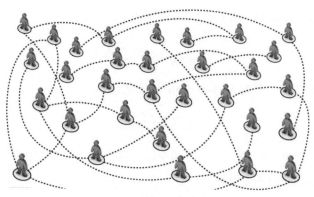

图 10-3 整体网络示意图

社会网络的构成和特征体现了不同的社会结构，它们对网络中的个体行动者具有重要影响。社会网络分析就是对这些方面加以研究。通常，构成社会网络的主要要素包括节点、关系、用户群等。

节点：网络中的个体，是指社会网络的参与者，即在一个网络中与他人相连接的个人、组织、事件或其他集体性质的社会实体。图 10-4 中包含六个节点。

关系：节点和节点之间的连接，如图 10-4 中六个节点之间的连接线。

用户群：一部分节点为了某些共同的目的组成的小团体，是关系的一种部分聚合体。图 10-4 中，椭圆部分的三个节点构成一个用户群。

用图论的思想表示社会网络，网络 G 由节点和边组成，记为 $G=(V(G)，E(G))$。

节点集合 $V(G)$：如图 10-5 所示，$V(G)=\{V_1，V_2，V_3，V_4，V_5，V_6\}$。

边集合 $E(G)$：一条连接节点 i、j 的边，记为 (i, j)，如图 10-5 所示，$E(G)=\{E_1，E_2，E_3，E_4，E_5\}$。

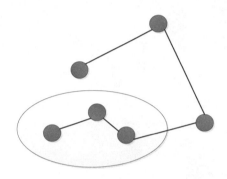
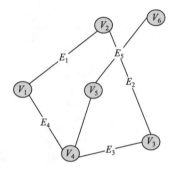

图 10-4 节点   图 10-5 社会网络的图论解释图

邻接矩阵：一个包含 N 个节点的网络 G 可以唯一表示为一个邻接矩阵 A，其中 $A=(a_{ij})_{N \times N}$，$a_{ij}=1$ 表示节点 i 和节点 j 之间存在边；$a_{ij}=0$ 表示节点 i 和节点 j 之间不存在边，图 10-5 中，节点 V_2 和 V_4 之间就不存在边。

节点度：表示节点 i 与网络中其他节点之间的边的条数。图 10-5 中节点 V_1 的节点度为 2，节点 V_6 的节点度为 1。

平均路径长度：任意两个节点之间的距离的平均值。

$$l = \frac{1}{N(N-1)/2} \sum_{i>j} d_{ij}$$

聚集系数：网络中长度为 3 的环(三角形)的比例。

$$C_i = \frac{2E_i}{k_i(k_i-1)}$$

度分布 $P(k)$：网络中度为 k 的节点的个数占网络节点总数的比例，即在网络中随机任取一个节点，它的度数为 k 的概率。

$$P(k) = \sum_{k'>k} p(k')$$

2. 社会网络的特点

社会网络是一种基于"网络"(节点之间的相互连接)而非"群体"(明确的边界和秩序)的社会组织形式。表 10-1 是社会网络的特点及表现。

表 10-1　社会网络的特点及表现

特点	表现
小世界特性	平均路径长度小、聚集系数高
无标度特性	度分布为幂律分布
高聚集系数	朋友的朋友很可能也是朋友
强的社团结构	网络由若干个群或团构成，群内部个体间连接相对比较紧密，群之间连接比较稀疏

(1) 小世界网络就是相对于同等规模节点的随机网络，具有较短的平均路径长度和较大的聚类系数特征的网络模型。图 10-6 是小世界网络图，小世界网络图是规则网络和随机网络的中间阶段。

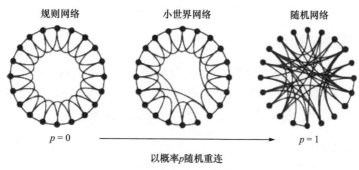

图 10-6　小世界网络

(2) 社会网络中如电影演员合作网、科研合作图、引文网、人类性接触网、语言学网等都符合无标度特性[4]。在这些网络结构中，通过增添新节点而连续扩张，新节点择优连接到具有大量连接的节点上。如图 10-7 所示，白色节点都是节点度相对较高的节点，也就是少数节点拥有大量的连接，而大部分的网络节点只有少数连接。

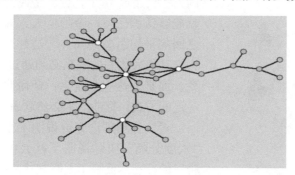

图 10-7　无标度特征

(3) 在一个社会网络中，一个人的朋友的朋友可能也是他的朋友，或者他的两个朋友可能彼此也是朋友。聚集性用于描述这类可能性的程度，即网络有多紧密。聚集性表达了网络连接的聚集程度。

(4) 许多社会网络都具有一个共同性质，即社团结构。也就是说，整个网络是由若干个群或团构成的。每个群内部节点之间的连接相对非常紧密，而各个群之间的连接相对来说却比较稀疏，如图 10-8 所示。

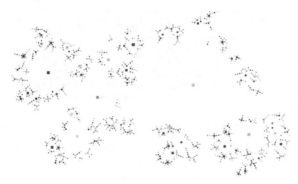

图 10-8　强的社团结构

10.1.2　社会网络的原理

社会网络理论经过近 60 年的发展，已经成为众多领域关系和社会学方面具有指导价值的理论[5]，得到各国学者越来越广泛的认同，社会网络的基本理论包括六度分隔理论、贝肯数、150 定律、弱关系。接下来分别介绍这几种理论。

1. 六度分隔理论

六度分隔理论也称为六度空间理论、六度分割理论、小世界理论，由美国著名社会心理学家米尔格伦(Stanley Milgram)于 20 世纪 60 年代最先提出。1967 年，哈佛大学的心理学教授 Stanley Milgram 想要描绘一个连接人与社区的人际联系网。他做过一次连锁性实验，结果发现了"六度分隔"现象。图 10-9 是一个"六度分隔"图。

图 10-9　六度分隔图

简单而言："你和任何一个陌生人之间所间隔的人不会超过 6 个，也就是说，最多通过 6 个人你就能够认识任何一个陌生人，即世界上任何两个人之间的平均距离为 6。"这种现象并不是代表任何人与其他人之间的联系必须通过 6 个人才能产生联系，而是表达一个概念：任何两个陌生的人，通过一定的方式，都能产生必然联系。

六度分隔理论充分说明了小世界现象的存在。"六度分隔"实际说明了社会中普遍存在的"弱纽带"的存在，反映了人际交往的距离。

六度分隔理论的发展，使得构建于信息技术与互联网之上的应用软件越来越人性化、社会化。软件的社会化，即在功能上能够反映和促进真实的社会关系的发展和交往活动的形成，使得人的活动与软件的功能融为一体。六度分隔理论的发现和社会性软件的发展向人们表明：社会性软件所构建的"弱连接"正在人们的生活中发挥着越来越重要的作用。

2. 贝肯数

贝肯数是指与凯文·贝肯(普通的好莱坞演员)发生连接需要的中间人数量，平均值为 2.6~3，进一步验证了"六度分隔理论"。

贝肯数来源于一个好莱坞游戏，这个游戏要求参与者尝试用各种方法，把某个演员和凯文·贝肯这个美国好莱坞演员联系起来，并且尽可能减少中间环节。假设凯文·贝肯的贝肯数是 0，那么与其共同出演过《疯狂愚蠢的爱》男演员瑞恩·高斯林的贝肯数就是 1，而汉克斯曾出现在美国前任总统奥巴马的竞选纪录片 *The Road We've Traveled* 中，因此奥巴马的贝肯数是 2，早已经去世的喜剧大师查理·卓别林，他的贝肯数是 3。

3. 150 定律

150 定律，即著名的"邓巴数字"，由英国牛津大学的人类学家罗宾·邓巴(Robin Dunbar)在 20 世纪 90 年代提出。该定律根据猿猴的智力与社交网络推断出：人类智力将允许人类拥有稳定社交网络的人数是 148，四舍五入是 150 人。

从欧洲发源的"赫特兄弟会"是一个自给自足的农民自发组织，这个组织在维持民风上发挥了重要作用。有趣的是，他们有一个不成文的严格规定：每当聚居人数超过150 人的规模时，他们就把它变成两个，再各自发展。实践证明：把人群控制在 150 人以下似乎是管理人群的一个最佳和最有效的方式。

150 定律在现实生活中的应用很广泛。例如，中国移动的"动感地带"SIM 卡只能保存 150 个手机号，微软推出的聊天工具 MSN 只能是一个 MSN 对应 150 个联系人。

150 定律成为普遍公认的"我们可以与之保持社交关系的人数的最大值"。无论曾经认识多少人，或者通过一种社会网络服务与多少人建立了弱连接，那些强连接仍然符合 150 定律。这也符合"二八"定律，即 80%的社会活动可能被 150 个强连接所占有。

4. 弱关系

美国社会学家格兰诺维特首次提出关系强弱的概念，他发现在找工作的过程中，提供工作信息的人往往是弱关系。他认为能够充当信息桥的关系必定是弱关系。群和群之间的连接称为"弱关系"，图 10-10 是与每个人(图中的 You，你)息息相关的"强关系"

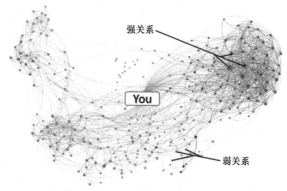

图 10-10　强关系与弱关系

(strong ties)和"弱关系"(weak ties)，从图中可以看到弱关系更能跨越其社会界限去获得信息和其他资源，促进不同群之间的信息流动，在信息传递中表现出强大的作用。

10.2　社会网络分析可视化介绍

对社交网络数据进行可视化分析是社交网络最重要的分析方法之一，将社会关系网络描绘成由点和线组成的图，可以直观地分析社会群体网络。再对图形中的节点分布位置、节点的大小以及点线密度等进行有效分析，从而观测社会群体行为。本节从社会网络分析的概念以及社会网络分析的可视化应用两方面进行介绍。

10.2.1　社会网络分析

1. 社会网络分析的理解

社会网络分析[3]是研究一组行动者的关系的方法。一组行动者可以是人、社区、群体、组织、国家等，他们的关系模式反映出的现象或数据是网络分析的焦点。从社会网络的角度出发，人在社会环境中的相互作用可以表达为基于关系的一种模式或规则，而基于这种关系的有规律模式反映了社会结构，这种结构的量化分析是社会网络分析的出发点。图 10-11 是公共服务动机的影响因素与作用机制的社会网络分析图。

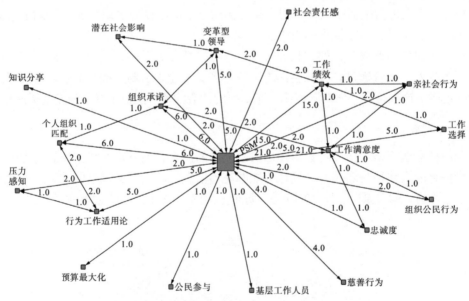

图 10-11　公共服务动机的影响因素与作用机制的社会网络分析图
PSM 指公共服务动机(public service motivation)

概括地说，社会网络分析是对社会关系结构及其属性加以分析的一套规范和方法，主要分析的是不同社会单位(个体、群体或社会)所构成的关系的结构及其属性。

社会网络分析又称结构分析[6]，不仅是对关系或结构加以分析的一套技术，还是一种理论方法和结构分析思想。因为社会学所研究的对象就是社会结构，而这种结构为行动者之间的关系模式，或者说是行动者社会关系相对稳定的模式，即社会网络分析关注的是行动者之间的关系，而非行动者的属性。

维基百科给出社会网络分析的定义为：已经成为一个关键技术，也是一项热门的研究。涵盖社会学、人类学、社会语言学、地理、社会心理学、通信研究、资讯科学、社会网络分析与探勘、组织研究、经济学以及生物学领域。

2. 社会网络分析的特征

巴里·韦尔曼总结了社会网络分析五个方面的特征：

(1) 它根据结构对行动的制约来解释人们的行为，而不是通过其内在因素(如"对规范的社会化")，后来把行为者看成以自愿的、有时是目的论的形式去追求所期望的目标。

(2) 分析者关注于对不同的单位之间关系的分析，而不是根据这些单位的内在属性(或本质)对其进行归类。

(3) 它集中考虑的问题是由多维因素构成的关系形式如何共同影响网络成员的行为，故它并不假定网络成员间只有二维关系。

(4) 它把结构看成网络的网络，此结构可以划分为具体的群众，也可以不划分为具体的群众。它并不预先假定有严格界限的群体一定是形成结构的组块。

(5) 其分析方法直接涉及的是一定的社会结构的关系性质，目的在于补充，有时候甚至是取代主流的统计方法，这类方法要求的是孤立的分析单位。

关于社会网络分析，韦尔曼、伯克维茨总结提出："社会网络分析既不是一种方法，也不是一种隐喻，而是研究社会结构的一种基本学术工具。"

3. 社会网络分析方法

社会网络分析最初用于帮助人们理解人群中流行性疾病的传播情况并加以抑制。疾病的传播所强调的关键词即"接触"，而现在这种接触逐渐演化为人与人之间的交流和联络。社会网络分析方法也在不断改进和完善，现在的社会网络分析方法包括个体分析、群体分析等。

1) 个体分析

个体分析是分析个体行动者(节点)的信息，包括身份、关系、社交圈、资本、位置、地位、行为等社会特征，以及兴趣、情结、潜意识等心理特征。

社会网络个体影响力度量的主要任务是分析和预测用户社会影响力的大小及演化规律，为基于社会影响力的研究和应用提供技术支持和理论依据。

常用的影响力度量方法大致可以划分为基于网络拓扑结构、基于用户行为和基于交互信息的度量等类型。在进行社会影响力分析时，既需要根据实际情况选择合适的度量手段，还可以综合使用上述方法，尽可能准确客观地刻画社交影响力的真实面貌。

2) 群体分析

群体分析要解决群体边界、身份、群内关系、群际关系、群体凝聚力、群体兴趣、群体行为、群体心理、社会认同、群际冲突、社会资本、群体的社会地位、群体变化等问题。

在社会网络中，兴趣爱好的共同点会导致社会网络中的某些个体形成一个团体，网络也随之划分成一系列社团。团体结构作为社会网络拓扑结构的重要方面，对其研究有着重要的应用价值。社团发现既可以使人们从社团结构的整体功能得到其中个体在网络中的作用，又可以从整体上把握整个网络的结构和未来走向。

社团发现问题一直是社会网络中的研究热点，不同领域的科研工作者纷纷从自己的角度提出了社团发现的算法，如物理学、统计学、计算机科学、生物学等领域，涌现出多种优秀的算法，主要有图分割方法、层次聚类法、分块聚类法、基于模块度优化的方法、基于信息论的方法等。

从学科领域，社会网络分析已跨越传统的学科界限，其应用已不限于社会学、人类学等少数领域，而广泛扩展到几乎所有的人文社会科学领域及科学技术领域。

10.2.2　社会网络可视化应用

随着对社会网络研究的深入，为了观察社会网络中的关系模式，出现很多基于网络的可视化方法[7]。也有的学者设计了一个名为 Vizster 的可视化原型系统来对大规模线上社会网络进行交互式探索与导航。

CiteSpace 作为社会网络在创新领域应用研究的可视化分析工具[8]，其创新之处在于：基于共引分析理论和关键路径算法对特定领域文献绘制科学知识图谱，可以直观地显示某研究领域的信息全景，识别一定时期内的发展趋势和动向。图 10-12 是 CiteSpace 绘制的以中文社会科学引文索引(CSSCI)为数据源进行关键词聚类的网络图谱。

图 10-12　CiteSpace 处理 CSSCI 的实例

　　基于中国知网(CNKI)数据库的国内广播学研究历时热点议题,利用 CiteSpace 的时区功能,选择每 3 年关键词的前 20 个进行共现分析,获得基于 CNKI 数据库的广播学研究关键词时区视图,如图 10-13 所示。时区视图侧重于从时间维度上表示知识的演进,从图中大致可以看出 1998~2017 年新闻传播学领域广播学研究的相关议题。图中节点和字体的大小反映关键词的词频高低,节点间的连线代表关键词间的共现关系。

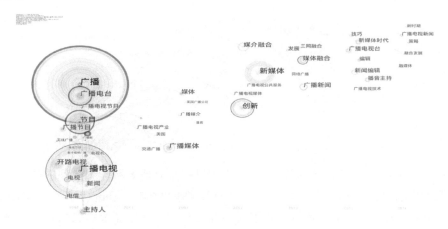

图 10-13　CiteSpace 绘制的中国广播学研究议题的流变图(1998~2017 年)

　　以 1998 年 CNKI 全文数据库和 CSSCI 数据库收录相关文章为起点,运用 CiteSpace 对相关文献的从属机构进行可视化分析[9],将 "Years Per Slice" 的值设定为 3,选择每 3 年前 20%的数据进行聚类,运行 CiteSpace 获得广播学论文从属机构的知识图谱,如图 10-14 所示,共有节点 316 个,连线 45 条。图 10-15 是所选文献的共被引网络图谱。

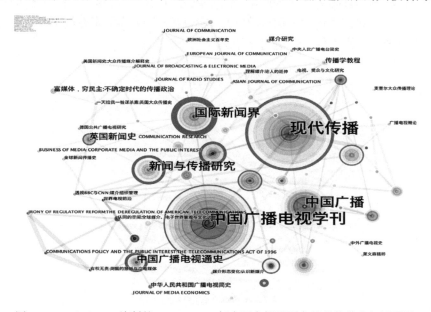

图 10-14　CiteSpace 绘制的 1998~2017 年中国广播学研究的机构分布知识图谱(CNKI)

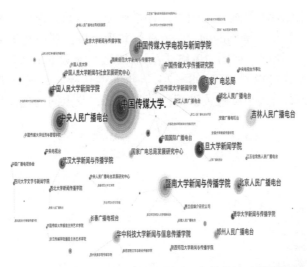

图 10-15　CiteSpace 绘制的国内广播学期刊、文献共被引网络图谱(CSSCI)

Gephi 是一款用于网络分析的软件[10]，人们已经具有或者所能想象到的任何网络基本上都可以用 Gephi 进行处理。以 2016 年 8 月知微事件博物馆(http://ef.zhiweidata.com)发布的事件微博影响力为筛选依据，选取排名前 35 的主题，在节点数据表格中将主题从事件名称、事件类型、开始时间以及事件影响力这四个方面进行划分。事件类型从时政、科技、商业、社会、体育、娱乐、灾害七个方面进行分类，在 Gephi 文件中，对相同类型事件进行"模块化"聚类，并在颜色上区分，再根据微博影响力对节点大小进行设置，最后使用合适的布局生成图 10-16。可以清晰地看出，整个八月体育类型尤其是奥运题材成为主要话题门类，"王宝强离婚"、"'洪荒之力'傅园慧表情包走红"以及"游泳运动员霍顿称孙杨为'用药的骗子'"成为当月最热议题。与柱状图等图示相比，图 10-16 更为直观，所包含的信息量更大，不仅将不同分类的事件包含在一幅图中，而且还可以根据节点看出事件的影响力大小。

图 10-16　2016 年 8 月热门事件社会网络图

哈佛大学、剑桥大学的研究人员对在坦桑尼亚的哈扎人(Hadza)的社交网络进行了研究[11]。研究人员造访了 17 个哈扎人营地，对其中全部 205 个成年人进行了详细研究。他们通过调查的方式，建立了两个网络：一个是 Campmate 有向赋权网络，调查如果营地重新组合，每个人想和谁一个营地，用来表示每个人的社交积极性(Active)和吸引性(Attractive)；另一个是 Gift 有向赋权网络，用来调查每人愿意赠送出多少食物给不多于 3 个同伴，如图 10-17 所示，节点不同的形状、灰度代表不同的性别和捐赠的数量。有向边所指的是被选择的人或被捐赠者，边的颜色代表节点之间的关系。

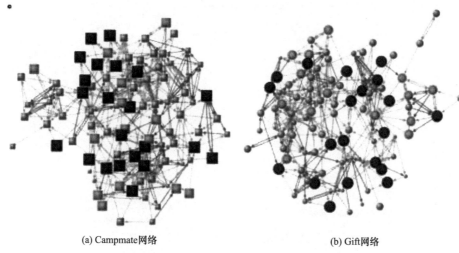

(a) Campmate网络　　　　　　(b) Gift网络

图 10-17　Campmate 网络和 Gift 网络

通过以上介绍可知，每种基于网络的可视化方法都具有其针对的数据集模式或独特的可视化目的，因此基于网络的可视化方法多种多样却又具有一定的局限性。

10.3　社会网络分析软件

社会网络分析方法是根据数学方法、图论等发展起来的定量分析方法。近年来，该方法在职业流动、世界政治和经济体系、国际贸易、信息情报等领域广泛应用[12]。如今，社会网络分析的研究已越来越受到管理学及图书情报领域的关注，目前常见的社会网络分析工具包括 UCINET、NetDraW[13]、NetMiner、Pajek、Gephi、Iknow、ultieNet 等，这些工具各有优势，功能与操作有相似互通之处，但也不尽相同。UCINET 是在社会网络分析中较为常用的分析软件，本节主要就 UCINET 软件及应用进行介绍。

10.3.1　UCINET

1. UCINET 软件介绍

UCINET 是一种功能强大的社会网络分析软件[14]，图 10-18 是 UCINET 的主界面。UCINET 能够处理的原始数据为矩阵格式，提供了大量数据管理和转化工具。UCINET

包含大量包括探测凝聚子群(cliques、clans、plexes)、中心性分析(centrality)、个人网络分析和结构洞分析的网络分析程序，还包含为数众多的基于过程的分析程序，如聚类分析、多维标度分析、二模标度分析(奇异值分解、因子分析和对应分析)、角色和地位分析(结构、角色和正则对等性)和拟合中心-边缘模型。

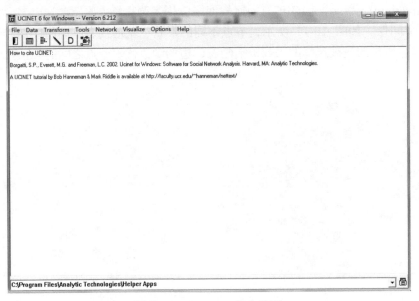

图 10-18　UCINET 的主界面

UCINET 全部数据都用矩阵形式来存储、展示和描述，可处理 32767 个点的网络数据。数据输入形式有直接录入矩阵(图 10-19)、将 Excel 文件转化为 UCINET 格式数据(图 10-20)和编辑文本文件创建 UCINET 数据(图 10-21)。

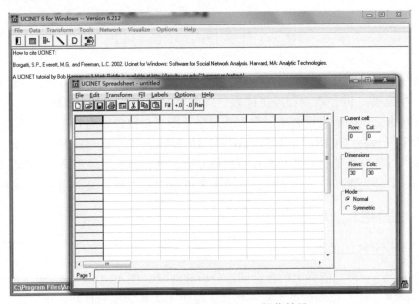

图 10-19　Data→Spreadsheets 操作结果

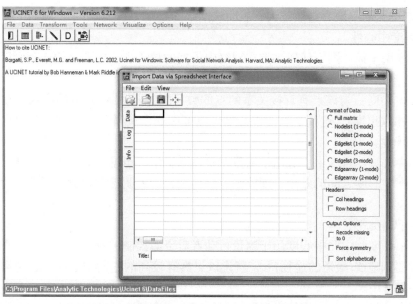

图 10-20　Data→Import via Spreadsheet 操作结果

图 10-21　File→Text Editor, Data→Import Text file→Raw/DL 操作结果

2. 相关度量值

1) 网络密度

整体网络密度反映了各个节点之间关联的紧密程度，密度越接近 1，则该网络对其中的行动者造成的影响可能越大。

2) 网络平均距离

各个节点之间的平均距离可以用来衡量整体网络的凝聚力，平均距离越小，建立在

"距离"基础上的凝聚力指数越大，表明该网络的凝聚力越强。

3) 点度中心性

中心度用于描述图中任何一点在网络中占据的核心性，中心势用于刻画网络图的整体中心性。

点度中心度：与该点有直接关系的点的数目(在无向图中是点的度数，在有向图中是点入度和点出度)，这就是点度中心度。点度中心度衡量了一个点与其他点发展交往关系的活跃性。

点度中心势：点度中心势用于衡量在整体网络中，点度中心度最高的那个节点与其他节点点度中心度之间的差距。度数中心势越大，则表明该图包含的群体权力越集中于某个节点上。

4) 中间中心性

中间中心度：中间中心度用于测量行动者对资源控制的程度。如果一个点处于许多其他点对的测地线(最短的途径)上，就说该点具有较高的中间中心度，起到沟通各个其他点的桥梁作用。

中间中心势：中间中心势度量网络中中间中心度最高的节点的中间中心度与其他节点的中间中心度的差距。该节点与其他节点的差距越大，则网络的中间中心势越高，表示该网络中的节点可能分为多个小团体而且过于依赖某一个节点传递关系，该节点在网络中处于极其重要的地位。

5) 接近中心性

接近中心度：接近中心度又称整体中心度，它是对图中某点的不受他人控制的测度，衡量某点与网络中所有其他点的距离。点的接近中心度(相对值)越大，则该点不受其他点影响的可能性越大，该点越可能是网络的核心点。

接近中心势：和点度中心势、中间中心势的分析结果往往是一致的，都反映了图的集中趋势大小。

三种中心性能够综合衡量节点在社会网络中具有怎样的权力，或者说居于怎样的中心地位。表 10-2 是三种中心性的总结。

表 10-2　三种中心性

中心性	作用
点度中心性	刻画的是行动者的局部中心指数，测量网络中行动者自身的交易能力，没有考虑到能否控制他人
中间中心性	研究一个行动者在多大程度上居于其他两个行动者之间，因此是一种"控制能力"指数
接近中心性	考虑的是行动者在多大程度上不受其他行动者的控制

6) 派系

当网络中某些行动者之间的关系特别紧密，以至于结合成一个次级团体时，这样的团体在社会网络分析中被称为凝聚子群。

在一个图中，"派系"是指至少包含三个点的最大完备子图：

(1) 派系的成员至少包含三个点。

(2) 派系是"完备"的，即其中任何两点之间都是直接相关，即都是邻接的。

(3) 派系是"最大"的，其含义是不能向其中加入新的点，否则将改变"完备"这个性质。

对于一个总图，如果其中的一个子图满足如下条件，就称为 *n*-派系：在该子图中，任何两点之间在总图中的距离(即测地线距离)最大不超过 *n*。一个 1-派系实际上就是最大的完备子图本身。一个 2-派系则是这样的一个派系，即其成员或者直接(距离为 1)相连，或通过一个共同邻点(距离为 2)间接相连。

UCINET 中可根据不同的临界值 *C* 对矩阵进行二值化处理，得到二值化处理后再对这些矩阵进行派系分析。

10.3.2　UCINET 应用

在社区治安中，公共部门、私人部门、社会团体和公民等诸多行动者及其之间的相互联系形成了社区治安网络，每个行动者的行为都会对其他行动者和整体网络产生影响。社会网络分析的优势在于可以从可计算和可视化的角度研究各行动者的联系和这些联系的属性[15]。社会网络分析作为具有专门概念体系和测量工具的研究范式，为社区治安模式的研究提供了全新的视角和思路。

将社区治安划分成两种模式，即传统模式和协同模式。传统模式包括建立由街道党政主要领导担任主任的治安综合治理委员会，以派出所民警和巡警为骨干，以街道办事处和社区居委会为主导，以群防群治力量为补充，以可能影响社会治安的特殊人群、危险物品管理为重点的社会治安防控体系。从社会网络分析的角度出发，与传统模式相比，协同治理机制在前者的基础上开创了居民治安志愿者与基层综合治理委员会(综治办)、公安派出所与社区警务室这三者之间的沟通渠道。

社区治安网络中的行动者主要包括街道办事处、综治办、公安派出所、社区警务室、社区居委会、其他治安辅助单位以及居民治安志愿者等，行动者之间的关系分为强联系、弱联系和无联系三种。若行动者之间存在明确的领导或隶属关系，则为强联系；若存在非领导性的协调关系，则为弱联系；若几乎不会产生互动，则为无联系。构建社区治安传统模式如图 10-22 所示，协同模式如图 10-23 所示，其中实线表示强关系，虚线表示弱关系。

用点来表示社区治安网络中的行动者，用连线表示行动者之间的关系，并为每一个关系赋予相应的权重。结合社区治安的实际情况和简化分析过程的需要，选用意义明确的 0、0.5、1 赋权方法，即在社区治安网络中，若两者为强联系，则赋值为 1；若两者为弱联系，则赋值为 0.5；若两者为无联系，则赋值为 0。

根据该赋权方法，可以分别建立两种社区治安模式下用于描述行动者关系的邻接矩阵，如表 10-3 和表 10-4 所示，并进一步利用软件 UCINET 绘制出用于描述社区治安相关行动者关系的网络结构图。

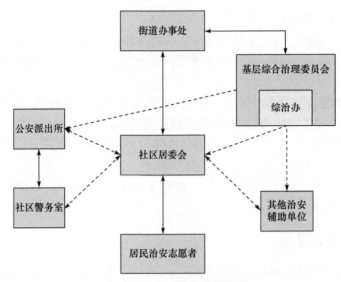

图 10-22　社区治安传统模式

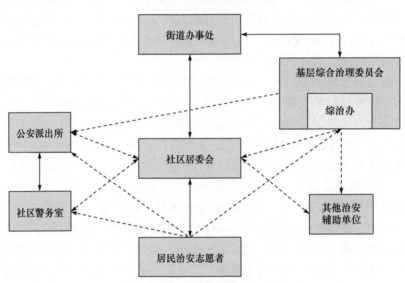

图 10-23　社区治安协同模式

表 10-3　治安传统模式相关行动者关系邻接矩阵

	街道办事处	公安派出所	综治办	社区警务室	社区居委会	其他治安辅助单位	居民治安志愿者
街道办事处	0	0	1	0	1	0	0
公安派出所	0	0	0.5	1	0.5	0	0
综治办	1	0.5	0	0	0.5	0.5	0
社区警务室	0	1	0	0	0.5	0	0
社区居委会	1	0.5	0.5	0.5	0	0.5	1

续表

	街道办事处	公安派出所	综治办	社区警务室	社区居委会	其他治安辅助单位	居民治安志愿者
其他治安辅助单位	0	0	0.5	0	0.5	0	0
居民治安志愿者	0	0	0	0	1	0	0

表 10-4　治安协同模式相关行动者关系邻接矩阵

	街道办事处	公安派出所	综治办	社区警务室	社区居委会	其他治安辅助单位	居民治安志愿者
街道办事处	0	0	1	0	1	0	0
公安派出所	0	0	0.5	1	0.5	0	0.5
综治办	1	0.5	0	0	0.5	0.5	0.5
社区警务室	0	1	0	0	0.5	0	0.5
社区居委会	1	0.5	0.5	0.5	0	0.5	1
其他治安辅助单位	0	0	0.5	0	0.5	0.5	0
居民治安志愿者	0	0.5	0.5	0.5	1	0	0

将表 10-3 和表 10-4 的数据导入社会网络分析软件 UCINET 进行分析，路径如下：Data→Spreadsheets→Matrix(图 10-24)，将表 10-3 和表 10-4 的数据导入，最终保存为如图 10-25 和图 10-26 所示。

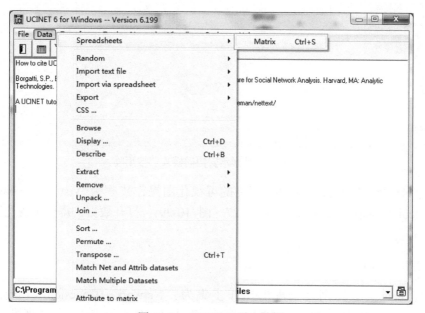

图 10-24　UCINET 录入数据

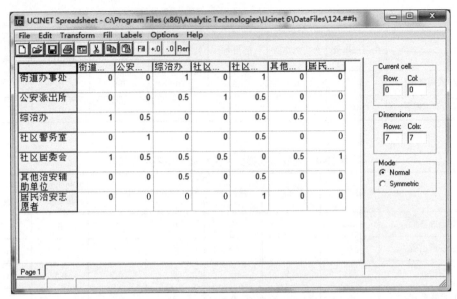

图 10-25　社区治安传统模式邻接矩阵

	街道	公安	综治办	社区…	社区…	其他…	居民…
街道办事处	0	0	1	0	1	0	0
公安派出所	0	0	0.5	1	0.5	0	0.5
综治办	1	0.5	0	0	0.5	0.5	0.5
社区警务室	0	1	0	0	0.5	0	0.5
社区居委会	1	0.5	0.5	0.5	0	0.5	1
其他治安辅助单位	0	0	0.5	0	0.5	0	0
居民治安志愿者	0	0.5	0.5	0.5	1	0	0

图 10-26　社区治安协同模式邻接矩阵

通过 UCINET 软件绘制整个网络的可视化图操作步骤为 Visualize→NetDraw→Open→Ucinet dataset→Network(图 10-27～图 10-29)，打开数据，得到可视化图 10-30和图 10-31。

1. 整体网络分析

通过 ucinet 计算网络密度的操作步骤为：Network→Cohesion→Density→Old Density procedure(图 10-32)，根据 UCINET 计算结果，传统模式的网络密度为 0.3333，

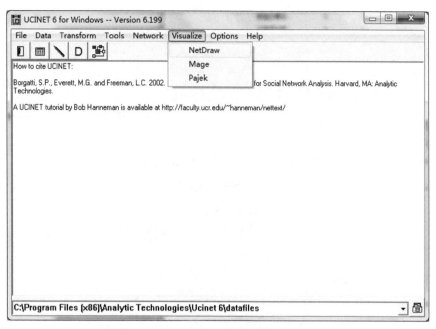

图 10-27　UCINET 可视化图操作步骤 1

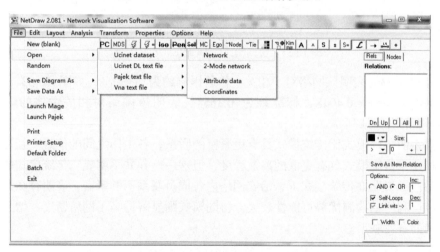

图 10-28　UCINET 可视化图操作步骤 2

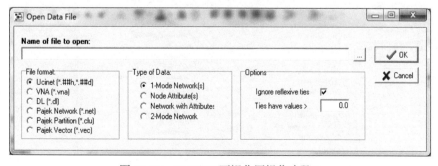

图 10-29　UCINET 可视化图操作步骤 3

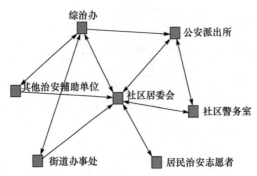

图 10-30 传统模式的 UCINET 可视化图

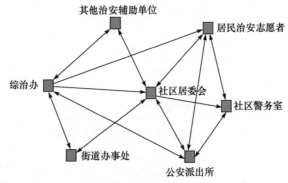

图 10-31 协同模式的 UCINET 可视化图

标准差为 0.3883，表明该网络对于相关主体的影响约为 33.33%，如图 10-33 所示。协同模式网络密度为 0.4048，标准差为 0.3658，表明该网络对相关主体的影响约为 40.48%，如图 10-34 所示。

结果表明协同模式比传统模式具有更紧密的联系，各主体之间的信息交互更多；协同模式相比于传统模式具有更低的离散程度，但这一差异并不明显。传统模式的网络密度为 0.3333，说明在传统模式下，治安网络内各成员联系不够紧密，表明存在结构洞以及部分成员利用结构洞优势可能性较大。协同模式则显著提高了网络密度，增强了网络成员之间的有效联系。

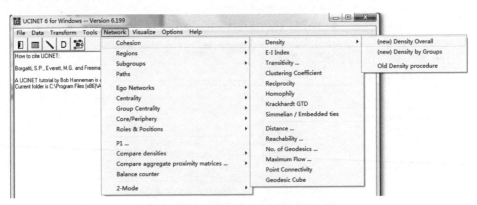

图 10-32 UCINET 计算网络密度操作

OUTPUT.LOG13 - 记事本

文件(F) 编辑(E) 格式(O) 查看(V) 帮助(H)

```
DENSITY / AVERAGE MATRIX VALUE
------------------------------------------------------------
-------------------------

Input dataset:                C:\Program Files
(x86)\Analytic Technologies\Ucinet 6\DataFiles\123
Output dataset:               C:\Program Files
(x86)\Analytic Technologies\Ucinet 6\datafiles\123-
density



                Avg Value        Std Dev
         -------------- --------------
    123          0.3333         0.3883


-----------------------------------------
Running time:  00:00:01
Output generated:  06 十一月 18 16:09:42
Copyright (c) 1999-2008 Analytic Technologies
```

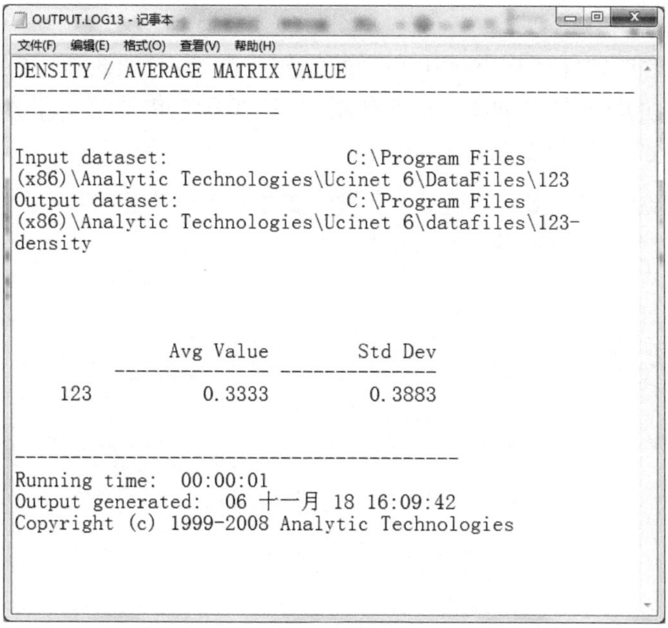

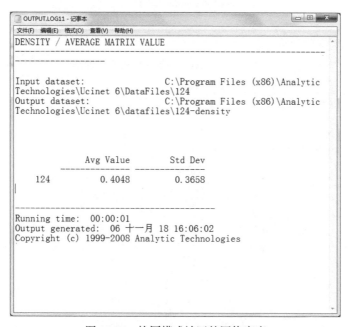

图 10-33　传统模式社区的网络密度

OUTPUT.LOG11 - 记事本

文件(F) 编辑(E) 格式(O) 查看(V) 帮助(H)

```
DENSITY / AVERAGE MATRIX VALUE
------------------------------------------------------------
------------------

Input dataset:                C:\Program Files (x86)\Analytic
Technologies\Ucinet 6\DataFiles\124
Output dataset:               C:\Program Files (x86)\Analytic
Technologies\Ucinet 6\datafiles\124-density



                Avg Value        Std Dev
          -------------- --------------
    124          0.4048         0.3658


-----------------------------------------
Running time:  00:00:01
Output generated:  06 十一月 18 16:06:02
Copyright (c) 1999-2008 Analytic Technologies
```

图 10-34　协同模式社区的网络密度

2. 中心性分析

中心性分析是一种反映行动者在多大程度上处于中心的衡量方法，以下从点度中心度、中间中心度和接近中心度三个中心度进行分析。

1) 点度中心度

通过 UCINET 软件计算点度中心度的操作步骤为：Network→Centrality→Degree (图 10-35)，得出的输出结果如图 10-36 和图 10-37 所示，传统模式和协同模式的点度中心度测量结果分别见表 10-5 和表 10-6。

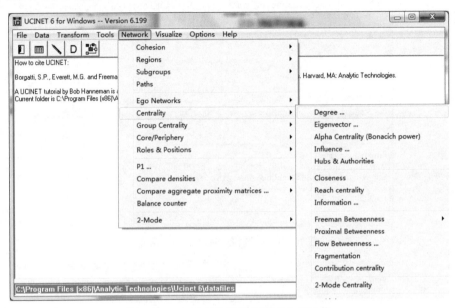

图 10-35　UCINET 计算点度中心度操作

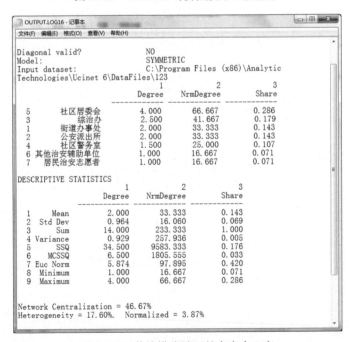

图 10-36　传统模式社区的点度中心度

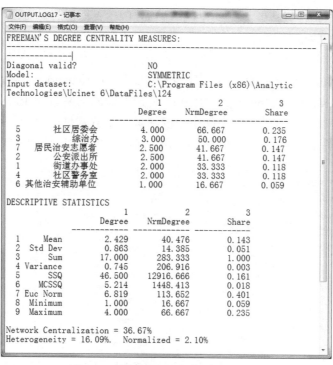

图 10-37　协同模式社区的点度中心度

表 10-5　传统模式中的点度中心度

排序	组织	绝对值	相对值/%
1	社区居委会	4	66.667
2	综治办	2.5	41.667
3	街道办事处	2	33.333
4	公安派出所	2	33.333
5	社区警务室	1.5	25
6	其他治安辅助单位	1	16.667
7	居民治安志愿者	1	16.667

表 10-6　协同模式中的点度中心度

排序	组织	绝对值	相对值/%
1	社区居委会	4	66.667
2	综治办	3	50
3	居民治安志愿者	2.5	41.667
4	公安派出所	2.5	41.667
5	街道办事处	2	33.333
6	社区警务室	2	33.333
7	其他治安辅助单位	1	16.667

根据 UCINET 计算结果，社区治安传统模式网络点度中心势为 46.67%，协同模式点度中心势为 36.67%。

2) 中间中心度

通过 UCINET 计算中间中心度的操作步骤为 Network→Centrality→Freeman Betweenness—Node Betweenness(图 10-38)，得出的输出结果如图 10-39 和图 10-40 所示。传统模式和协同模式的点的中间中心度测量结果分别见表 10-7 和表 10-8。根据 UCINET 计算结果，社区传统模式网络中间中心势为 57.78%，协同模式为 28.70%。

图 10-38 UCINET 计算中间中心度操作

OUTPUT.LOG18 - 记事本

文件(F) 编辑(E) 格式(O) 查看(V) 帮助(H)

symmetrize.

Un-normalized centralization: 52.000

		1 Betweenness	2 nBetweenness
5	社区居委会	9.000	60.000
3	综治办	1.500	10.000
2	公安派出所	0.500	3.333
1	街道办事处	0.000	0.000
4	社区警务室	0.000	0.000
6	其他治安辅助单位	0.000	0.000
7	居民治安志愿者	0.000	0.000

DESCRIPTIVE STATISTICS FOR EACH MEASURE

		1 Betweenness	2 nBetweenness
1	Mean	1.571	10.476
2	Std Dev	3.076	20.504
3	Sum	11.000	73.333
4	Variance	9.459	420.408
5	SSQ	83.500	3711.111
6	MCSSQ	66.214	2942.857
7	Euc Norm	9.138	60.919
8	Minimum	0.000	0.000
9	Maximum	9.000	60.000

Network Centralization Index = 57.78%

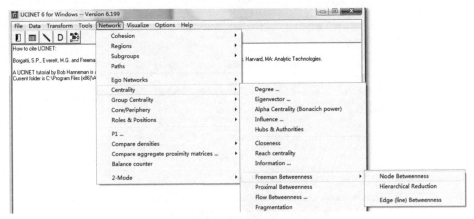

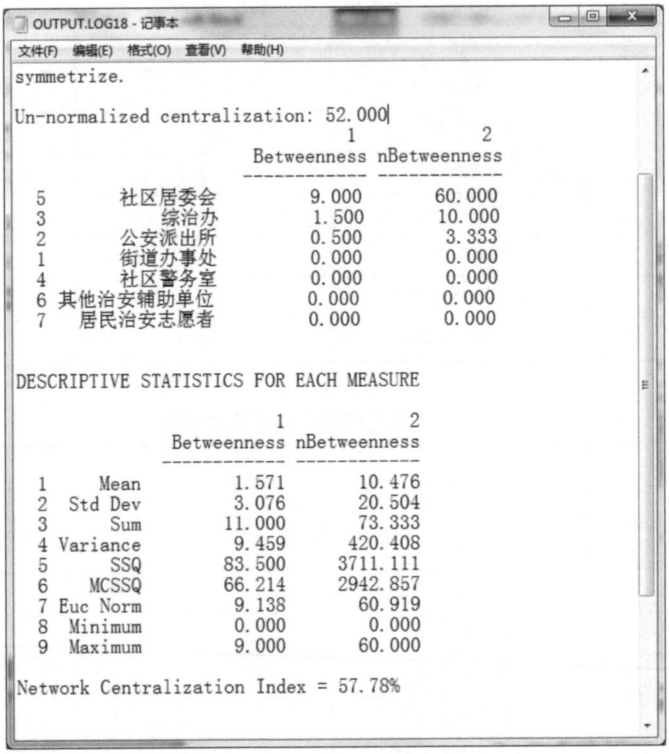

图 10-39 传统模式社区的中间中心度

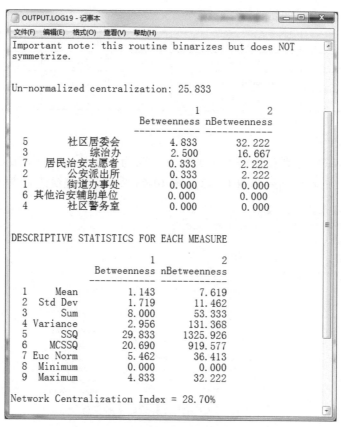

图 10-40　协同模式社区的中间中心度

表 10-7　传统模式中点的中间中心度

排序	组织	绝对值	相对值/%
1	社区居委会	9	60
2	综治办	1.5	10
3	公安派出所	0.5	3.333
4	街道办事处	0	0
5	社区警务室	0	0
6	其他治安辅助单位	0	0
7	居民治安志愿者	0	0

表 10-8　协同模式中点的中间中心度

排序	组织	绝对值	相对值/%
1	社区居委会	4.833	32.222
2	综治办	2.5	16.667
3	居民治安志愿者	0.333	2.222
4	公安派出所	0.333	2.222

续表

排序	组织	绝对值	相对值/%
5	街道办事处	0	0
6	其他治安辅助单位	0	0
7	社区警务室	0	0

3) 接近中心度

通过 UCINET 计算接近中心度的操作步骤为：Network→Centrality→Closeness (图 10-41)，得出的输出结果如图 10-42 和图 10-43 所示。传统模式和协同模式的点的接

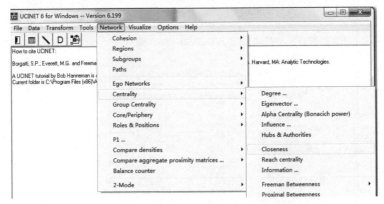

图 10-41　UCINET 计算接近中心度操作

Closeness Centrality Measures

		1 Farness	2 nCloseness
5	社区居委会	6.000	100.000
3	综治办	8.000	75.000
2	公安派出所	9.000	66.667
1	街道办事处	10.000	60.000
4	社区警务室	10.000	60.000
6	其他治安辅助单位	10.000	60.000
7	居民治安志愿者	11.000	54.545

Statistics

		1 Farness	2 nCloseness
1	Mean	9.143	68.030
2	Std Dev	1.552	14.382
3	Sum	64.000	476.212
4	Variance	2.408	206.828
5	SSQ	602.000	33844.652
6	MCSSQ	16.857	1447.796
7	Euc Norm	24.536	183.969
8	Minimum	6.000	54.545
9	Maximum	11.000	100.000

Network Centralization = 82.06%

图 10-42　传统模式中点的接近中心度

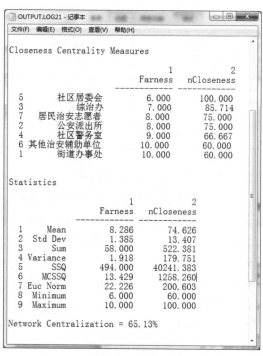

图 10-43　协同模式中点的接近中心度

近中心度测量结果分别见表 10-9 和表 10-10。根据 UCINET 计算结果，社区治安传统模式网络接近中心势为 82.06%，协同模式为 65.13%。

表 10-9　传统模式中点的接近中心度

排序	组织	绝对值	相对值/%
1	社区居委会	6	100
2	综治办	8	75
3	公安派出所	9	66.667
4	街道办事处	10	60
5	社区警务室	10	60
6	其他治安辅助单位	10	60
7	居民治安志愿者	11	54.545

表 10-10　协同模式中点的接近中心度

排序	组织	绝对值	相对值/%
1	社区居委会	6	100
2	综治办	7	85.714
3	居民治安志愿者	8	75

续表

排序	组织	绝对值	相对值/%
4	公安派出所	8	75
5	社区警务室	9	66.667
6	其他治安辅助单位	10	60
7	街道办事处	10	60

上述结果表明，在社区治安网络中，点度中心度、中间中心度、接近中心度的分析结果与整体网络分析是一致的。在两种模式中，社区居委会均处于社区治安网络的核心位置，掌握着较多的资源，承担着重大的责任，对其他主体具有较强的影响力。通过分析点度中心势和接近中心势，两个模式的整体网络点度中心势都比较高，表明社区治安网络的权力和资源比较集中，但相对来说，协同模式的点度中心势显著小于传统模式，在一定程度上避免了权利和责任过度集中。就中间中心势而言，传统模式的整体网络中间中心势为 57.78%，说明多数信息仅掌握在部分组织中，而协同模式的中间中心势仅为 28.70%，显著降低了信息的垄断性。

10.4 案例——微博可视化

微博的流行让大众交流更方便，微博所具有的媒介属性，使其成为社会化媒介(social media)，在媒介碎片化和媒介融合的时代，其特性就是多对多的传播，微博已经打破了传统媒体的控制与单向传播[16]；即使是大众传播最终也要通过人际传播才得以实现传播效果。

微博是基于用户关系的信息分享、传播、获取的平台，它内容简短，通过不到 140 字公开的短消息，如短句、照片、视频链接等，来交换一些小规模信息[17]。它允许用户及时更新自己的个人信息并与他人交流，维护自己的人际圈。微博提供通过手机和计算机随时随地发布途径，对社会的活动和个人的生活方式产生了重大的影响。从世界的各个角落发布的每一条微博，如同无数的社会化传感器，记录着全球每时每刻发生的点点滴滴。微博使世界上的每一个人都成为信息源，并使之在全球传播，这使得微博所承载的信息量大大增加。从这种聚集成的信息洪流中，提供了另一个隐约窥见世界全貌的途径。

10.4.1 微博可视化的必要性

研究微博上的信息具有十分重要的意义。

首先，微博集合了海量的新闻、事件和信息，并且每天都在更新，每天都在流传，并对现实的社会产生巨大的影响。尤其是在突发事件的信息传播上，微博更是超越了传统媒体，成为信息快速传播的渠道[18]。最早爆料出本·拉登死讯的并不是各大媒体，而是 Twitter。

其次，微博上的信息不仅发布及时，而且也是现实社会生活的缩影。挖掘微博上的信息有利于分析现实世界的情况。东南路易斯安那大学的助理教授 Aron Culotta 曾经通过追踪一些与流感有关的关键词[19]，如"flu"、"have"、"headache"等，进行流感爆发趋势的预测。他利用发布于 2009 年 9 月到 2010 年 5 月的近 5 亿条信息建立起了一个预测模型，发现通过该模型的预测结果与美国疾病预防控制中心的统计数据惊人地相符。

虽然微博信息不一定精确，但它的时效性强，不需要花费大量的人力、物力去收集信息，这大大方便了研究人员进行快速分析。当然，通过微博搜集到的海量数据也是传统数据收集方法所不可比拟的。

另外，每个用户在微博上还维护着一个人际交往圈，现实生活中的好友、网络好友、新朋友、朋友的朋友……这形成了一个错综复杂的人际网络[20]，并逐渐对其自身造成潜移默化的影响。因此，微博上的人际关系也是一个十分有趣的分析内容。

微博上的信息海量、复杂且多样，传统的数据分析方法已经很难适应这一特点。而利用可视化的工具，对微博数据进行可视化分析并加以人机交互，是一个十分有力且具有广阔前景的研究方向。

10.4.2　基于社会网络分析的微博数据获取

随着社交媒体的发展，微博作为其中的一个典型代表越来越受到人们的欢迎，用户量与日俱增[21]。对于传统博客，用户的关注属于一种"被动"的关注状态，写出来的内容的传播受众并不确定；而微博的关注则更为主动，只要轻点"follow"(在新浪微博中表现为"关注")即表示你愿意接受某位用户的即时更新信息，"由于这种半广播半实时交互的微/博客机制，用户组成多个交流分享的小圈子，群体传播在这里得到凸显"。同时，对于普通人，微博的关注友人大多来自现实的生活圈，用户的一言一行不但起到抒发感情、记录日常生活的作用，更重要的是维护了人际关系。

微博信息传播是基于一定的社会网络基础的传播模式[22]，特别是上述第三点提到的"人际圈的影响"，显然在网络上人与人的联系不是随机的。人们由于教育背景、兴趣爱好、职业背景等方面的差异，其对信息的偏好也不尽相同，人们会根据自己的爱好，而有选择地对其他用户进行关注，从而形成一个虚拟"圈子"。在这个"圈子"中，人与人不是孤立的，之间是有联系的，故人与人之间的关系可以抽象成一个社会网络图中的节点与节点之间的连线，"节点"可视为信息传播主体，"关系"可用于表示信息传播主体之间某些特定的联系，"边"表示信息传播的路径。不难看出，微博用户及其之间的关系本质上是一个社会网络。

在取样时采取"滚雪球"的方法，即在随机确定一个"名人"微博用户后，观察其"关注"对象，并将被"关注"人数超过 10 万的用户记录下来，之后再将记录下来的用户采取同样的方法观察记录，从而得到下一组用户的信息。最终得到 14 个有 10 万以上人数"关注"的"名人"，由于新浪微博的用户群十分庞大(数百万用户)，抽取出的用户仅是整个微博社会网络的一个子网络，嵌套在整个网络之中，但由于选取样本属于用户中的"名人"，具有相当程度的辐射广度。通过对这个小型的社会网络进行描述，从而对信息或者"网络舆情"在整个微博社会网络中传播进行探讨。

将用户之间"关注"与"被关注"的关系用一个邻接矩阵的形式表达出来。在这个方阵之中行表示"关注"者，列表示"被关注"者。"1"表示"关注"这种关系存在，"0"则表示不存在，得到如表10-11所示的"关注矩阵"。

表 10-11　关注矩阵

用户	1	2	3	4	5	6	7	8	9	10	11	12	13	14
1	—	0	0	0	0	0	0	0	0	0	0	0	0	1
2	0	—	0	0	0	0	0	0	0	0	0	1	0	0
3	0	0	—	0	0	0	1	0	0	0	0	0	0	0
4	0	0	0	—	1	0	0	0	0	0	0	0	0	0
5	0	0	1	1	—	1	1	1	1	1	1	1	1	1
6	1	0	1	1	1	—	1	1	1	1	1	1	0	1
7	0	0	0	0	1	1	—	1	0	0	1	1	1	1
8	1	1	1	1	1	1	1	—	1	1	1	1	0	1
9	0	0	0	1	0	0	0	1	—	1	1	1	1	0
10	0	0	0	0	1	0	0	0	1	—	0	1	0	0
11	0	0	0	0	0	0	0	0	0	0	—	0	0	0
12	0	1	0	0	1	0	0	1	0	1	0	—	0	0
13	0	0	0	0	1	0	0	0	0	0	1	1	—	0
14	0	0	0	0	1	0	1	1	1	1	0	1	1	—

10.4.3　基于社会网络中心性分析的微博信息传播研究

通过 UCINET 软件的画图功能可以将网络关系图直观地表现出来，如图10-44所示。

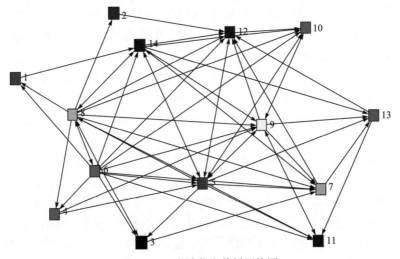

图 10-44　微博信息传播网络图

根据“关注矩阵”，可以判断这一组用户构成的社会网络关系图为有向图。在这个有向关系图中，每一个节点表示一个用户，它们之间的连线表示存在这种“关注”与“被关注”的关系。箭头从节点 A 指向节点 B，表示 A“关注”B。由于这些节点之间存在着这种有向关系，即当 A“关注”B 时，B 发布的消息很快会在 A 的主页上显示，这样信息从 B 传播到 A。故在微博社会网络之中，信息的传播方向是与“关注”的方向相反的。

结合微博用户之间的“关注”与“被关注”关系，通过分析各种中心度和中心势指数，找出哪些用户在这个社会网络中处于核心地位，即找出哪些用户在微博信息传播的过程中的“权力”更大，能够在较大程度上影响整个社会网络上的信息传播。

1. 点度中心性分析

将上述“关注矩阵”输入 UCINET 软件，计算其点度中心度及其中心势，结果如图 10-45 所示。

OUTPUT.LOG1 - 记事本

文件(F) 编辑(E) 格式(O) 查看(V) 帮助(H)

		1 OutDegree	2 InDegree	3 NrmOutDeg	4 NrmInDeg
8	8	12.000	5.000	92.308	38.462
5	5	11.000	8.000	84.615	61.538
6	6	11.000	3.000	84.615	23.077
14	14	7.000	5.000	53.846	38.462
9	9	6.000	6.000	46.154	46.154
7	7	6.000	6.000	46.154	46.154
12	12	4.000	9.000	30.769	69.231
13	13	3.000	4.000	23.077	30.769
10	10	3.000	6.000	23.077	46.154
4	4	1.000	4.000	7.692	30.769
1	1	1.000	2.000	7.692	15.385
2	2	1.000	2.000	7.692	15.385
3	3	1.000	3.000	7.692	23.077
11	11	1.000	5.000	7.692	38.462

DESCRIPTIVE STATISTICS

		1 OutDegree	2 InDegree	3 NrmOutDeg	4 NrmInDeg
1	Mean	4.857	4.857	37.363	37.363
2	Std Dev	3.925	1.995	30.195	15.345
3	Sum	68.000	68.000	523.077	523.077
4	Variance	15.408	3.980	911.726	235.479
5	SSQ	546.000	386.000	32307.693	22840.236
6	MCSSQ	215.714	55.714	12764.159	3296.703
7	Euc Norm	23.367	19.647	179.743	151.130
8	Minimum	1.000	2.000	7.692	15.385
9	Maximum	12.000	9.000	92.308	69.231

Network Centralization (Outdegree) = 59.172%
Network Centralization (Indegree) = 34.320%

图 10-45 微博信息传播点度中心性

从分析结果来看，不同的用户表现出不同的点入度和点出度。点入度的含义是关系“进入”的程度，在这里一个用户表示被其他用户“关注”的程度。点出度表示一个用户“关注”其他用户的程度。从结果中可以看出，点入度比较高的用户，即更受人“关注”的用户为 12 号用户(点入度为 9)，5 号用户(点入度为 8)。说明他们在这个网络信息传播的过程中拥有较大的权力，他们发布的消息为更多人所注意。

整个网络的标准化点入度中心势和点出度中心势分别为 34.320%和 59.172%。中心势越接近 1，说明网络越具有集中趋势(centralization)。可以看出，"关注"的中心势更大一些，说明"关注"他人的用户更具集中趋势。同样，"被关注"的中心势也达到了 34.320%，也有着比较明显的集中趋势，也就是说"被关注"的用户有着明显的集中趋势。

2. 中间中心性分析

将上述"关注矩阵"输入 UCINET 软件，计算其中间中心度及其中心势，结果如图 10-46 所示。

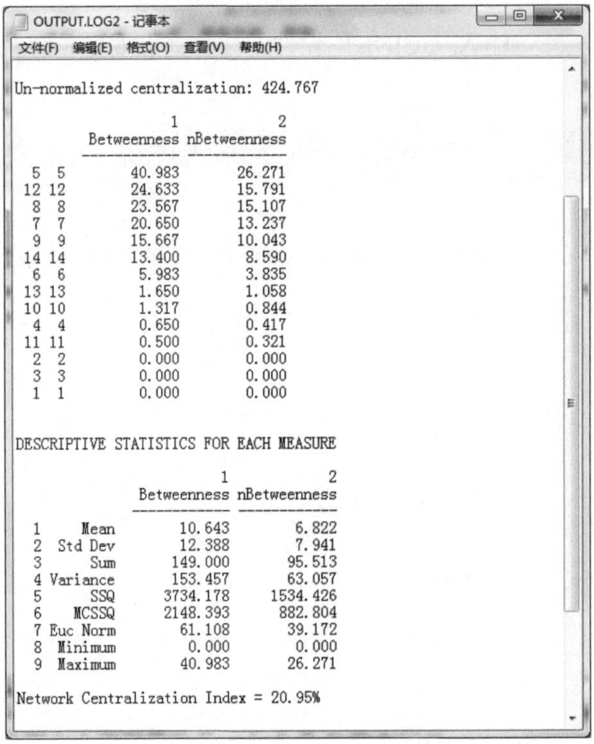

图 10-46　微博信息传播中间中心性

点的中间中心度测量的是一个节点 C 在整个网络中对信息的流动或者是传播的控制作用的大小，即信息要想从节点 A 传达到节点 B 在多大程度上要依赖于节点 C。可以从分析结果中清晰地看到，5、12、8、7、9 和 14 号用户的中间中心度是比较高的。也就是说，其他各个用户想获得消息对上述几个用户的依赖程度是比较高的，故这几个用户在这个网络上的权力比较大，能够在较大程度上控制信息的流动。而整个网络的中间中心势为 20.95%，并不是很高，就整个网络而言，中间中心度并不是特别大，即在整个网络中大部分的节点不需要其他节点作为桥接点，便可以得到信息。

3. 接近中心性分析

将上述“关注矩阵”输入 UCINET 软件，计算其接近中心性及其中心势，结果如图 10-47 所示。

OUTPUT.LOG3 - 记事本

文件(F) 编辑(E) 格式(O) 查看(V) 帮助(H)

Closeness Centrality Measures

		1 inFarness	2 outFarness	3 inCloseness	4 outCloseness
12	12	17.000	22.000	76.471	59.091
5	5	19.000	15.000	68.421	86.667
7	7	21.000	20.000	61.905	65.000
10	10	21.000	24.000	61.905	54.167
8	8	22.000	14.000	59.091	92.857
9	9	22.000	22.000	59.091	59.091
14	14	23.000	19.000	56.522	68.421
13	13	23.000	24.000	56.522	54.167
11	11	24.000	34.000	54.167	38.235
4	4	25.000	27.000	52.000	48.148
6	6	26.000	15.000	50.000	86.667
2	2	28.000	34.000	46.429	38.235
3	3	28.000	31.000	46.429	41.935
1	1	32.000	30.000	40.625	43.333

Statistics

		1 inFarness	2 outFarness	3 inCloseness	4 outCloseness
1	Mean	23.643	23.643	56.398	59.715
2	Std Dev	3.791	6.564	9.006	17.644
3	Sum	331.000	331.000	789.575	836.014
4	Variance	14.372	43.087	81.105	311.306
5	SSQ	8027.000	8429.000	45666.117	54281.117
6	MCSSQ	201.214	603.214	1135.468	4358.277
7	Euc Norm	89.594	91.810	213.696	232.983
8	Minimum	17.000	14.000	40.625	38.235
9	Maximum	32.000	34.000	76.471	92.857

Network in-Centralization = 45.03%
Network out-Centralization = 74.36%

图 10-47 微博信息传播接近中心性

接近中心度测量的是一个行动者不受他人控制的程度，与上述两个中心度相反，该值越小，说明该点越处于核心位置，因为根据接近中心度的含义，当该值越小时，说明该点与其他点的距离和越小，说明该点距离其他各点越近，在获取信息时越不容易受其他点的控制。从分析结果中可以看到，越靠前的点的中心度越高。如 12 号用户，他发布的信息传递到其他所有点的距离之和只有 17。获取其他所有点的信息则要相对困难，因为距离和为 22。从发布信息到其他各点的方便难易程度，所有用户的排序为 12、5、7、10、8、9、14、13、11、4、6、2、3、1，越靠前则越不容易受到他人控制，越独立。而获取信息的难易程度，排序为 8、5(6)、14、7、12(9)、10(13)、4、1、3、2(11)。靠前的容易获取信息，不易受人控制，独立性强。

不难看出，此网络的接近中心势是相当高的。网络入度中心势和网络出度中心势分别为 45.03%和 74.36%。说明在网络上每个点发布信息时，信息都能比较顺利地到达其他各点，不会受到太多的控制。相比之下，网络上每个点获取信息则更加容易，因为每个点在相当程度上是独立的，在获取信息时很少受其他点的控制。

4. 凝聚子群分析

凝聚子群分析可以分析网络中小团体的存在，较理想的情况是：网络中存在 n 个联系紧密的小团体，并且小团体之间也存在一定的联系。操作步骤为 Network→Roles&Positions→Structural→CONCOR。将上述"关注矩阵"输入 UCINET 软件，得到的凝聚子群结果如图 10-48 所示。由图可以看出，这个网络存在 4 个小团体。

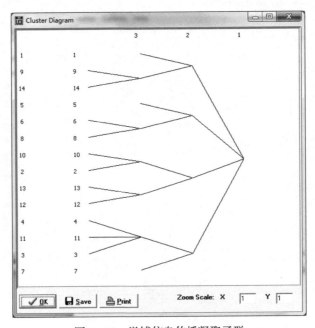

图 10-48　微博信息传播凝聚子群

10.5　习题与实践

1. 概念题

(1) 根据生活中的实例解释六度分隔理论。

(2) 社会网络分析包括哪些内容？

(3) UCINET 能够处理哪些类型的数据？

2. 操作题

(1) 首先构建班级所有人的好朋友关系矩阵，矩阵中的"1"代表二者为好朋友，"0"代表不是好朋友，然后根据关系矩阵通过 UCINET 软件进行网络平均距离、网络密度、中心性分析，写一份简单的分析报告。

(2) 根据班级或者社团中同学的微信使用情况构建关系矩阵，以"1"表示有加微信，"0"表示未加微信，使用 UCINET 从中心性分析(点度中心度/点度中心势、中间中心度/中间中心势、接近中心度/接近中心势)、凝聚子群分析和整体网络密度等不同角度来分析此社会网络的结构组成, 撰写研究报告。

参 考 文 献

[1] 张存刚, 李明, 陆德梅. 社会网络分析———一种重要的社会学研究方法[J]. 甘肃社会科学, 2004, (2): 109-111.

[2] 彭兰. 从社区到社会网络———一种互联网研究视野与方法的拓展[J]. 国际新闻界, 2009, (5): 87-92.

[3] 刘军. 社会网络分析导论[M]. 北京: 社会科学文献出版社, 2004.

[4] 李文娟, 牛春华. 社会网络分析在合著网络中的实证研究———以《中国图书馆学报》为例[J]. 现代情报, 2012, 32(10): 153-158.

[5] 任志安, 毕玲. 网络关系与知识共享: 社会网络视角分析[J]. 情报杂志, 2007, (1): 75-78.

[6] 窦炳琳, 李澍淞, 张世永. 基于结构的社会网络分析[J]. 计算机学报, 2012, 35(4): 741-753.

[7] 王陆. 典型的社会网络分析软件工具及分析方法[J]. 中国电化教育, 2009, (4): 95-100.

[8] 张睿雨. 基于 CiteSpace 的商务大数据可视化分析[J]. 中国商论, 2019, (12): 17-18.

[9] 李亮, 朱庆华. 社会网络分析方法在合著分析中的实证研究[J]. 情报科学, 2008, 26(4): 549-555.

[10] 邓君, 马晓君, 毕强. 社会网络分析工具 UCINET 和 Gephi 的比较研究[J]. 情报理论与实践, 2014, 37(8): 133-138.

[11] 张浩. 基于社会网络分析的 Blog 社区发现[D]. 上海: 上海交通大学, 2008.

[12] 谢贤鑫, 陈美球, 田云, 等. 国内近 20 年土地生态研究热点及展望———基于 UCINET 的知识图谱分析[J]. 中国土地科学, 2018, 32(8): 88-96.

[13] 王运锋, 夏德宏, 颜尧妹. 社会网络分析与可视化工具 NetDraW 的应用案例分析[J]. 现代教育技术, 2008, 18(4): 85-89.

[14] 何兴菊.基于 UCINET 对网络学习空间研究的社会网络分析[J]. 信息技术与信息化, 2019, (7): 109-112.

[15] 葛艳. UCINET 软件在高校图书馆微博关系研究中的应用[J]. 图书情报导刊, 2016, 1(5): 3-6.

[16] 袁园, 孙霄凌, 朱庆华. 微博用户关注兴趣的社会网络分析[J]. 现代图书情报技术, 2012, (2): 68-75.

[17] 叶新东, 邱峰, 沈敏勇. 教育技术博客的社会网络分析[J]. 现代教育技术, 2008, 18(5): 48-53.

[18] 王晗啸, 于德山. 意见领袖关系及主题参与倾向研究———基于微博热点事件的耦合分析[J]. 新闻与传播研究, 2018, 25(1): 51-65, 127.

[19] 王心瑶, 郝艳华, 吴群红, 等. 基于登革热事件的官方微博网络舆情可视化分析[J].中国预防医学杂志, 2018, 19(6): 401-406.

[20] 许弘翔, 肖雨晗. 基于 SNS 的高校图书馆微博知识推荐可视化研究[J]. 计算机光盘软件与应用, 2014, 17(9): 205-206.

[21] 韩运荣, 高顺杰. 微博舆论传播模式探究[J]. 现代传播(中国传媒大学学报), 2012, 34(7): 35-39.

[22] 唐晓波, 邱鑫. 企业微博粉丝的特征挖掘———以天猫腾讯微博为例[J]. 信息资源管理学报, 2015, 5(3): 11-17.

第 11 章　可视化评估

在可视化的设计和开发过程中，需要思考两个紧密联系的问题。第一个问题是可视化的效率和价值评价，涉及可视化开发中的各种元素，包括应用目标、用户感知、开发成本等。第二个问题是可视化效果的评估手段，有效的评估手段能够确认可视化的价值。下面对这两个方面的问题进行分析。

11.1　可视化的价值

可视化兴起之初，人们对可视化抱有很大期望。在科学研究和工程开发问题中，可视化的作用既重要又新颖。之后数十年的发展，可视化领域中产生了大量新问题、新方法、新思路。随着可视化学科的日渐成熟，很多传统问题有了比较系统的解决方法，如三维可视化中的体绘制和移动立方法。

现实中很多可视化方法只停留在实验阶段，不被用户接受，或被认为只有很小的改进。2004 年，甚至有人认为可视化已经走向消亡，理由是很多可视化方法已经成熟并商业化，用户不需要新的方法。

可视化的主要价值在于帮助用户从数据中获取新知识。这是一个不容易量化的概念。用户在很多方面都有较大的差异，如专业知识和计算机技能等，都会影响其获取新知识的能力。知识的价值也没有确凿的定义，不同用户需要不同方面的知识。可以说用户是可视化价值的体现者，可视化的设计、开发和评估需要围绕用户展开[1]。

如果将可视化开发视为一种投资，那么投资的利润就是可视化的价值，用公式可以表示为利润=回报−成本。可视化的回报是用户得到的知识，可以用 $G = nmW(\Delta K)$ 来表示，n 和 m 分别代表用户数量和每个用户使用可视化的次数，ΔK 是每次用可视化之后增长的知识，W 是不同知识的权重。可视化成本包括：①可视化初始开发成本 C_i；②用户培训成本 C_u(学习如何使用以及设置可视化系统)；③用户每次使用可视化成本 C_s(转换数据、设置参数等)；④用户感知探索成本 C_e。全部可视化成本可以表示为 $C = C_i + nC_u + nmC_s + nmC_e$ [2]。

这个模型可以帮助可视化设计开发者有针对性地提高可视化的价值。例如，有些可视化研究者喜欢采用复杂的方法和模型，而很多情况下相对简单的可视化即能达到类似的效果，复杂的可视化会使用户学习和使用的成本增加，反而不利于可视化价值的提高。还有一些可视化设计者过分追求界面美感，而将用户获取知识放在次要位置，可谓本末倒置。从价值模型中可以看到用户通过可视化获取知识才是最终目的，界面美感只是使用户更容易接受和实行可视化的手段。

11.1.1　知识价值

在可视化价值模型中用户知识的增长是判断可视化是否成功的标准。然而，知识的增长不容易量化。特别是在探索新数据、新问题时，用户往往缺乏足够的知识积累来衡量每一次可视化实验带来的知识增长。此外，由于开发者和用户的合作关系，可视化的用户通常希望看到可视化工作的成功，因此主观评估判断可能有夸大的成分。在这种情况下，可视化设计者应该寻找能相对客观地反映可视化价值的标准，如用户在探索数据时发现的目标特征和模式，或者用户在使用可视化后采取的决策和行动。

通过可视化获取的信息并非都是有价值的。可视化可能产生不反映数据性质的视觉噪声，甚至误导信息。图 11-1 显示加利福尼亚州(加州)家庭医生数量在医生总数中比例缩减的趋势。这里，人像的高度和宽度都被映射成家庭医生数量在医生总数中的比例。由于多数人用二维图标的体积推测数据值，所以比例缩减趋势在读者眼中被夸大。

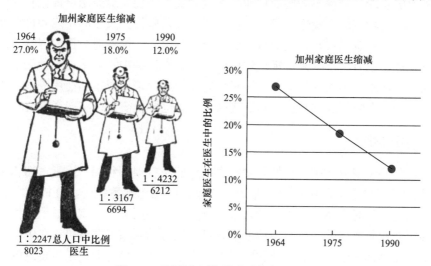

图 11-1　可视化可能导致对信息的误读

11.1.2　相对价值

并非所有的问题都需要可视化，并非所有新可视化方法都是对现有方法的提高。在设计可视化时，由于可视化类型与可视化复杂性的异同，必须考虑其他可视化方法和可视化之外的方法，这需要设计者搜索和熟悉同类问题的现有解决方法并进行辨析，思考它们的优点和不足[3]。例如，三维空间可视化在可视化领域非常活跃，很多研究者试图将这些方法应用到气象、医学图像等领域，而这些领域仍然少有专家将三维技术应用到日常工作中。很多研究者将这个问题归结为大多数专家对新技术不够熟悉，认为只要有足够的训练，专家会选择三维可视化代替二维平面可视化，这种想法可能成立，也可能不成立。另外，三维可视化在深度上的视觉信号重叠会给数据探索和模式查找带来困难，因此在理解数据方面不如二维平面可视化[4]。可视化开发者必须放弃对特定方法的偏好，实事求是地分析问题，寻找高价值的可视化方法。

可视化方法作为理解数据的工具，必须与其他非可视化方法协同使用。在一维数据中寻找最大值的任务虽然可以用可视化方法来完成，但用一个简单的自动程序可以更快、更精确地得到答案，这种情况下可视化就失去了意义。因此，可视化设计者需要熟悉相关领域解决类似问题的方法，如模式识别、数据挖掘等方法，决定可视化是否必要。

11.1.3　成本控制

可视化的成本越高，价值越低，因此要尽可能降低成本。首先，初始开发成本是一次性的，用户培训成本对每个用户是一次性的，而用户使用成本则在每个用户每次使用可视化时都会出现。因此，降低用户使用成本事半功倍。这可以通过设计符合用户感知习惯的可视化、采用直观的交互方法、简化用户界面和数据载入过程、提高运行速度等方式达到。然后，降低用户培训成本可以在每个用户身上节省成本，这可以通过设计符合用户需要的功能、减少不必要的功能和参数设置来实现。对通用可视化软件和工具包的设计必须考虑功能的完整性，但对一些专用可视化软件，过多的功能和自由度很可能让用户感到困惑，难以选择，或对自己的选择没有信心，影响对数据的观察。最后，节省初始开发成本也有助于提高可视化的价值。在成本控制中需要平衡各种元素，如适量增加初始开发成本、加入优化设计，可减少后面的用户培训成本和使用成本，达到降低总成本的目的。在降低成本和提高知识获取量之间也要权衡，以实现高价值的可视化。

11.1.4　用户因素

在可视化的价值公式中，初始开发成本以外的所有项都和用户因素密切相关。知识增长的主体是用户。不同用户的专业知识背景、可视化熟悉程度、分析能力等各不相同，在使用可视化时自然会有不同的效果。例如，在使用可视化观察数值模拟结果时，一个有多年专业研究经验、参与模拟程序开发和运行的领域专家从可视化中得到的新知识和灵感可能会远大于一个在专业课中学习的学生。而这个专业课学生得到的新知识和灵感又很可能大于其他专业学生。一个熟悉特定可视化界面交互的用户可以将培训成本和使用成本大大降低。另外，用户因素使可视化的价值评估带有主观性，不容易设计量化衡量标准，因此将用户因素包含在内的定性评估是衡量可视化的重要方法。

11.2　可视化评估方法

随着可视化方法的不断丰富和成熟，对可视化方法的评估变得越来越重要。一方面，新出现的方法需要进行评估，以确定其优越性及适用范围，同样旧的方法也需要评估其应用过程和效果。另一方面，可视化的推广和应用需要用户的信心，对可视化的有效评估有助于用户认识到可视化的作用，进而在专业领域里接受和使用可视化。

11.2.1　评估方法分类

可视化评估方法有它们的共性，所有评估都需考虑特定可视化方法的研究目的、该方法相对于现有方法的优越性、适用数据和用户范围等。评估的方式有很多种，各种方式有它们的优缺点和适用的评估任务。通常研究人员力求可视化评估方法满足以下性质：

(1) 通用性。若可视化评估方法适用于很多种可视化方法，则可以节省可视化评估软件的开发时间和投资。

(2) 精确性。可视化评估方法越精确，得到的结果越具有可信度，用户越可能接受。定量评估一般比定性评估精确性高。

(3) 实际性。可视化评估方法需要面向实际问题、实际数据和用户等。在实验室环境下得出的评估结果很可能在实际应用中不成立。

具体应用时，应针对应用需要选择合适的可视化评估方法，如表 11-1 所示。

表 11-1　可视化评估方法分类

分类	描述
实地调查	在实地调查中，调查者在用户实际工作的环境中观察可视化方法的使用方式和效果。调查者尽可能减少自己对用户的影响，观察用户在正常状态下的表现。实地调查报告一般围绕评估目的有详细的记录和描述。实地调查最接近实际情况，但是其结果并不一定精确，而且通用性不一定好
实地实验	实地实验同样在用户实际工作环境中进行。调查者为了得到更确定的信息可以牺牲某些自然状态
实验室实验	在实验室实验中，评估者在实验室环境下设计并实施实验，包括实验的时间、地点、实验内容、用户任务等所有方面。用户一般在评估者的指导下按照要求在一定时间内完成实验操作。这种方式的好处是针对性强、结果准确度高，用时较短，而且评估者可以要求用户执行某些实地条件下无法完成的任务。但是，实验的可靠性减弱，实验结果在自然工作环境下是否适用需要进一步论证
实验模拟	在实验模拟中评估者试图通过模拟方法进行实验并获得尽可能确定的结果。实验模拟一般针对危险和难以实施的实验、对计算机应用程序也可以在完成开发之前用模拟的方式评估设计，减少开发的风险和成本
判断研究	判断研究用于衡量用户对可视化方法中的视觉、声音等感知元素的反应。在判断研究中，应尽量保持环境的中立性，减少环境对结果的影响。测量的目的是判断可视化方法中各种感知刺激的有效性，而不是用户自身，因此设计实验时应减少用户个体行为对结果的影响。可视化中对感知的研究经常采用这一方法
样本调查	在样本调查中评估者需要在特定人群中找到一个变量的分布或一组变量之间的联系。同时，用户的抽样非常重要，也很难控制。在分析调查结果时，需要考虑对样本分布的校正
理论	理论是对实验结果的总结和分析。理论并不产生新的实验结果，其实际性较低而通用性很强。理论的优点在于用精炼的逻辑和论证解释实验结果，并可以应用在其他类似问题上。在可视化领域，理论研究仍然缺乏
计算模拟	在社会自然科学中一些需要人参与的实验现已可用计算机模拟，在可视化评估中也可以通过对数据、可视化过程和用户等元素的模拟来进行评估。也可以模拟用户在看到社交网络的结构和信息传播后对信息的反应。整个评估过程没有人的参与，完全由计算机完成

11.2.2　定量评估

可视化评估方法按照评估结果的性质可以分为定量评估和定性评估两大类。在可视化中，这两类评估都经常用到。

定量分析一直是现代科学发展的主要方法，用定量分析积累起来的结果一点一滴地形成了现代科学知识。多数科学研究从假设出发，通过理论推导或实验对假设证实或证伪。定量方法可以准确地判断一个假设是否成立，并推广到其他类似问题中。可视化方法评估中定量评估的基本步骤[5]如图 11-2 所示。

图 11-2　可视化定量评估步骤

1. 列出评估假设

假设是定量评估的中心。假设必须拥有可证伪性，如"用户使用可视化方法 A 比使用可视化方法 B 在完成任务 T 的时间和准确度方面都有显著提高"。很多情况下评估假设以虚假设的形式出现，即假设两个方法之间没有显著的区别，如"用户使用可视化方法 A 和使用可视化方法 B 在完成任务 T 的时间和准确度方面没有统计意义上的区别"。若经实验证伪虚假设，则结论是两个方法之间有区别；反之若虚假设被证实，则两个方法之间没有统计意义上的区别。可视化评估中的假设应该对理解可视化的效果和可视化工作内在机制有帮助，并应当对尽可能多的可视化研究者有用。

在确定评估假设时找到用户需要完成的任务很重要。用户使用可视化的目标包括分析数据、理解数据、验证假设或寻找灵感。但很难对这些高层目标直接进行评估，因此需要找到可以定量评估，而又反映高层目标实现程度的低层用户任务。凯勒提出用户任务可以包括以下几种：

(1) 识别。让用户通过可视化在数据中识别目标，如在大脑磁共振成像中识别出肿瘤，或在气象数值模拟中找到飓风。

(2) 定位。找到指定特征或目标的位置，如流场中临界点的位置，或社交网络里朋友数最多的个人。

(3) 区分。将数据中不同元素划分为不同类型，如在卫星图像中将地面按不同类型划分，包括农田、水面、森林、城市等。

(4) 聚类。按一定的相似法则将相似的数据聚合成一类，如在计算机断层扫描数据中按灰度值将骨骼、肌肉、空气等不同物质划分为不同的类。

(5) 排序。将可视化中的对象按一定规则排序，如海拔图中几座山的海拔顺序。

(6) 比较。对两个或多个可视化对象进行比较并发现相似和不同之处，如比较同一个患者在治疗前和治疗后的医学图像，发现患病组织的变化。

(7) 关联。判断可视化对象之间的关联，如在气象数据模拟中温度和降雨量之间是否相关。

这些用户任务在不同的项目中具有不同程度的重要性，在各种数据中有不同的表现形式。因此，在数据可视化评估时要根据具体项目中用户、数据和可视化方法制定合适的方案。

2. 设计评估实验

确定评估假设后，需要设计实验证实假设。首先，由于可视化系统、用户以及环境的复杂性，评估实验需要确定独立变量和因变量。独立变量是实验研究中可能影响假设验证的因素，它们在实验中由实验者予以控制和调整，包括前面提到的用户任务，也包括不同的可视化方法、可视化参数、用户性质、数据性质等。因变量是指可能随独立变量变化而变化的变量，一般在实验中选择可以观察或测量到的变量，包括完成任务的时间和准确度等。在确定了独立变量和因变量后，对其他实验中的变量需尽量保持恒定，降低实验结果的不确定性。其他变量包括可视化背景和环境中的各种因素。最后，需要设计独立变量的变化区域、变化间隔和变化方式等。

3. 完成实验

实验设计完成后，开始实施。在实验时记录独立变量变化时因变量的值。在进行用户评估时，应注意对用户的选择。例如，对于可视化软件，如果需针对专家进行评估，那么面向学生的评估结果可能不适用。

4. 分析结果

初始用户评估结果一般包括不同用户进行同一实验获得的不同结果。单个用户的评估结果有相当大的偶然性。因此，定量评估需要取一组用户重复实验，并用统计方法分析结果，判断评估假设的准确性和结论的可信度。以上面提到的虚假设为例："用户使用可视化方法 A 和使用可视化方法 B 在完成任务 T 的时间和准确度方面没有统计意义上的区别"。在评估实验中记录一组用户分别用方法 A 和方法 B 完成 T 所用的时间和准确度。用统计工具可以判断虚假设是否成立以及结论的可信度。

在检验虚假设时，可能出现两种错误。一种是当虚假设在现实中成立时分析结果判断为不成立。这种错误也称为第一类错误或假阴性错误。例如，方法 A 和方法 B 对任务 T 没有区别时从实验结果却被判断为有区别。这种错误可能由参与用户的倾向性和特殊性造成，也可能由实验中除独立变量和因变量外的其他元素变化造成。一个常犯的错误是，用户采用方法 B 完成任务后再用方法 A 完成同样的任务，那么由于使用方法 A 时用户对任务已经熟悉，其效率自然有所提高，这和方法 A 的优越性没有关系。第二种错误是当虚假设在现实中不成立时分析结果判断为成立。这种错误也称为第二类错误或假阳性错误。例如，方法 A 和方法 B 对任务 T 有显著区别时由实验结果判断为没有区别，或者说实验结果掩盖了两种方法之间的区别。一般来说，第一类错误造成的后果要比第二类错误严重，应尽量避免。

定量评估是可视化开发中的子项目之一，各个步骤都需要仔细设计并认真完成，每一步都需要消耗一定的时间。由于上述实验均有用户参与，定量评估需要考虑用户的工作习惯、情绪、舒适度等因素。考虑到评估的投入时间和精力比较大，可以先在小范围用户群中进行非正式的试评估，检验并改进评估方法后再进行正式评估。

当评估结果显示独立变量和因变量之间有关联时，不能将这种关联自动归结为因果联系。例如，当用户评估显示使用某种网上日志可视化工具的用户比不使用该工具的用户对日志的信息理解更充分时：一种解释是网上日志可视化工具帮助用户理解数据；另一种解释是对日志信息有较多了解的用户更倾向于使用新工具来观察数据。如果没有进一步的调查，不能简单地取一种解释。

案例介绍：

(1) 定量评估目的。找到不同可视化元素用于不确定性可视化的效果。

假定虚假设为：不同可视化元素应用于不确定性可视化任务时在用户完成的准确率和时间上没有统计上的区别。

评估中的独立变量为不确定性可视化方法。

(2) 评估方法。在不确定性可视化方法中，评估数据包括一维数据和二维数据和在每个数据点上的不确定性。评估的每一次用户实验中四种方法的顺序随机排列。正式评估有 27 个用户参与，这些用户包括学生、地理信息数据专家和可视化工作者。

(3) 评估结果分析。在此次评估实验中，原始结果是 27 个用户对一系列任务完成的时间和准确度。可对这些数据进行统计来判断虚假设是否准确以及判断的可信度，如图 11-3 所示的平均值统计。从结果来看，不同不确定可视化方法之间并没有呈现统计意义上明显的优劣关系，但可以看出一些趋势，如用数据高度线或面上的颜色来表示不确定性效果比较好。另一个有趣的结果是传统的误差棒在各种方法中表现最差。

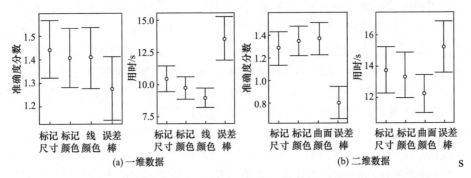

图 11-3　评估实验中带有不确定性的一维数据和二维数据用不同可视化方法完成用户
任务的准确度分数和用时结果

11.2.3　定性评估

定性评估比定量评估有更大的灵活性和实际性。定性评估针对可视化实际应用的环境，综合考虑影响可视化开发和使用的各方面因素，以期达到对可视化更深入的理解。定性评估可以增进对现有方法、应用环境和感知局限性的理解。图 11-4 为定性评估方法。

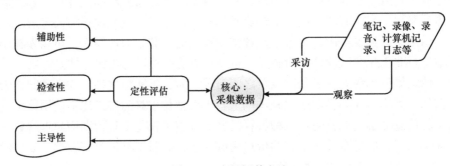

图 11-4　定性评估方法

定性评估方法的核心是数据的采集。定性评估数据包括笔记、录像、录音、计算机记录、日志等。采集这些数据的方法主要分为两大类：观察和采访。

观察时，评估者尽量让自己变得透明，让用户在自然状态下实验可视化程序，完成任务。在评估时，可以一边观察，一边记录笔记。如果记录笔记妨碍了对过程的观察，那么可以在观察间歇时完成记录，或在观察结束时回忆并记录。但是，人的记忆有时间限制，一些记忆在几个小时之后就会衰减，因此应尽量缩短观察和记录之间的间隔。在记录时应该将实验的背景、时间、参与人等记录下来。在复杂实验中可以画图来记录仪器的位置和用户的活动。在记录时不但要将明显的结果和活动记录下来，也要寻找可能帮助理解的细节，如用户的身体语言、情绪变化等。在分析结果时需要确定各种细节的可信度。观察中不要带有偏见，对正面和负面的结果都要记录。要区分哪些是事实，哪些是自己的分析。

采访比观察更具主动性，更有的放矢。采访中询问的问题很重要，而积极地倾听用户诉说也同样重要。采访者需要确定自己理解了用户的描述和解释。如果任何地方有疑问，需要让用户解释清楚，但要避免让用户感觉受到质疑。采访者需要减少自己谈话的时间，让用户从使用者的角度自主发表意见。在记录笔记时可以让用户暂停谈话以便将用户意见完整地记录下来，这样也可以显示对用户意见的尊重。接受采访的用户说话可能会比较谨慎，这时采访者可以鼓励用户说出更多真实的想法。采访者应该随用户的谈话话题深入采访内容，让用户提供的信息引导采访内容，而避免提出自己的意见和想法，以免引导用户意见，形成偏见。采访问题最好是开放式的，利于用户表达自己的想法。可以向用户询问具体细节。总之，在使用采访进行评估时，采访者的细心、敏感、人性化的采访方式对用户分享经验和想法有重要帮助。

定性评估和定量评估经常在用户评估中同时出现。从在整个用户评估中的位置来看，定性评估可以分为辅助性定性评估、检查式定性评估和主导性定性评估。

1. 辅助性定性评估

在很多定量评估实验中，用户、环境和实验中的诸多影响因素不可能都在定量实验中列出。而用户在实验中有很多想法和做法虽然不直接记录在定量结果中，却对理解可视化有很大帮助。定性评估作为辅助评估手段可以对这些定量评估结果之外的元素记载并分析。这些辅助评估方法包括实验者对用户的观察、用户在实验中表达的想法以及用户的意见等。实验者对用户的观察可以现场记录可视化的效果。有些实验中的事件无法预期或不能测量，只有在实验者的记录中才能保留下来。虽然这些记录带有实验者的主观性，但它们可以作为量化分析的辅助手段来评估可视化的效果。实验者还可以鼓励用户在实验中将自己的想法说出来。这种方式能让实验者了解用户的思维过程。然而，大多数人可能并不习惯直接说出自己的想法，因此实际性可能受影响，不过很多情况利大于弊。此外，实验者还可以用问卷调查或采访等方式收集用户的主观意见。例如，对于可视化方法 A 和 B，用户更喜欢使用哪一个，答案可以用"非常喜欢"、"喜欢"、"中立"、"不喜欢"和"非常不喜欢"等分级列出。

2. 检查式定性评估

在检查式定性评估中，评估者用事先设计好的问卷对用户进行调查。这种方式虽然对特定可视化方法的针对性不强，但实施简单、方便，也可以达到定性评估的目的。检查式定性评估可以包括对可用性的评估、对多用户合作的评估、对可视化效果的评估等。例如，在可用性评估中，评估项目可以包括系统状态的可见性、系统和真实世界的联系、用户控制和自由度、可视化连贯性、容错性、可视化效果、灵活性和效率、美感、错误处理以及帮助和文档等。对可视化的检查式评估可以从可视化的表达能力、代表数据能力和交互性等几方面分别进行。

3. 主导性定性评估

主导性定性评估方法可以用更灵活的方式和更全面的考察，丰富对可视化方法的理解。在定性评估中，可以用定量评估作为辅助。例如，用户在某些问题中可以给出有数值的答案，这些数据可以作为定性评估的一部分。

定性评估在可视化设计开发的许多阶段都可以进行。例如，在设计可视化交互部分之前，可以让用户模拟交互任务并记录用户在没有可视化交互界面的情况下如何用物理模型完成交互任务，从中找到的一些线索可以应用到可视化交互的设计中。

定性评估中的主观性可以看成一个优势，让评估更完整、更全面、更深入。由主观性带来的误差也是一个不容忽视的问题。为了保证评估的质量，评估报告需要将完成评估的背景如实记录下来，如评估是否由实验者直接完成、评估的地点是否利于观察、实验者的社会背景是否会造成观察偏差、评估者和用户是否有利益关系、评估结果是否连贯、是否和其他评估结果相容等。

11.3   习题与实践

1. 概念题

选择两种可视化方法显示二维流场数据，设计定量评估，并在小范围用户中完成实验，并讨论评估结果。

2. 操作题

考察一些地理信息可视化软件，了解它们的功能。思考一个非地理专业的学生可能需要使用的地理信息可视化软件的功能集合。为面向非专业人员的地理信息可视化软件设计一个评估调查问卷。

参 考 文 献

[1] 吴蓓. 以用户体验为导向的数据可视化设计研究[D]. 武汉: 武汉理工大学, 2016.
[2] 汤建民. 学术研究团队的可视化识别及评估方法研究: 以科学学研究领域为例[J]. 情报学报, 2010, 29(2): 323-330.

[3] 王颖, 张舒予. 信息-知识-智慧: "可视化方法周期表"之三层价值探析[J]. 现代远距离教育, 2016, (6): 70-76.

[4] 方驰华, 冯石坚, 范应方, 等. 三维可视化技术在评估残肝体积及指导肝切除中的应用研究[J]. 肝胆外科杂志, 2012, 20(2): 95-98.

[5] 张宝童. 数据融合可视化在线评估系统的设计与实现[J]. 科技视界, 2013, (8): 12-14.